厉害是攒出来的

刘杰辉 著

民主与建设出版社
·北京·

图书在版编目（CIP）数据

厉害是攒出来的 / 刘杰辉著 . —— 北京：民主与建设出版社，2019.8
ISBN 978-7-5139-2593-8

Ⅰ.①厉… Ⅱ.①刘… Ⅲ.①成功心理 – 通俗读物
Ⅳ.① B848.4-49

中国版本图书馆 CIP 数据核字（2019）第 161715 号

厉害是攒出来的
LIHAI SHI ZANCHULAIDE

出 版 人	李声笑
责任编辑	程　旭
封面设计	口源工作室
出版发行	民主与建设出版社有限责任公司
电　　话	（010）59417747　59419778
地　　址	北京市海淀区西三环中路 10 号望海楼 E 座 7 层
邮　　编	100142
印　　刷	天津旭非印刷有限公司
版　　次	2019 年 9 月第 1 版
印　　次	2019 年 9 月第 1 次印刷
开　　本	880 毫米 ×1230 毫米　1/32
印　　张	8
字　　数	129 千字
书　　号	ISBN 978-7-5139-2593-8
定　　价	42.80 元

注：如有印、装质量问题，请与出版社联系

前言

世上所有的开挂，
都是厚积薄发

我用尽了整个青春来折腾和挣扎。

上初中时，我看武侠小说、打架、逃学、离家出走……除了学习，什么都做。

高一的时候，我成绩惨淡，期末考试最高得了12分。

他们说：你是《古惑仔》看多了。

的确，那时的我认为，世上没有比"讲义气"更酷的事了。当一个威风凛凛的古惑仔，就是我那个年纪的人生目标。

是的，每一个阶段我都有自己的目标，不管它多么可笑。

那时我真的以为，人生就应该像电影里那样，靠自己的双手拼出一条血路。轰轰烈烈，至死方休。

于是，我退学了。

◆ 厉害是攒出来的

遗憾的是，我没有跟上厉害的大哥。当小混混的日子也没想象中那么美好：我混迹在小县城里，靠打牌度日，真没那么彪悍和威风。

半年过去，实在太过无聊，我只好去了姨父的建筑公司，跟着水电师傅做学徒。16岁生日那天，我正式开始了民工生涯。

半夜两三点，我在打混凝土的工地上安装管道，天上下着瓢泼大雨，我爬上七八层楼高的塔吊，浑身湿透，鼻子进了雨水，眼睛都睁不开。

但我一点都不觉得苦，我那颗年轻、稚嫩的心被梦想燃烧得炽热，我以为自己正在迈向人生巅峰。太"中二"了！

香港1997年金融危机，TVB拍了一部鼓舞人心的电视剧《创世纪》。这部电视剧看得我热血沸腾，里面有两句经典台词，一直到今天都激励着我：

"成功就是要把不可能变成可能！"

"万丈高楼平地起，基础一定要打牢！"

这是一部关于房地产的电视剧，主人公叶荣添成了我的偶像。

我数过，他一共创业17次，16次失败，最后一次成功，实现了无烟城的梦想。

我的"中二"病又犯了！就是因为这部电视剧，我决定重新读书。

我就是这种敢于相信的人，倔强、执着，想明白就去做，哪怕所有人都质疑我、反对我。

从想做古惑仔，到当工人，到有了地产大亨的志向后，我老老实实回到了学校。

我用两个月的时间，把初中三年落下的知识补了回来，用两年的时间，考上了大学。

在大学，几乎所有同学都是睡觉睡到自然醒，但我每天6点半就坐在了自习室，如饥似渴地泡在图书馆里读书，还自学了商学院本科和研究生的课程。

人一旦知道自己内心真的想要什么，所有在别人眼中的苦，对自己都是甘之如饴。

大学毕业后，我卖过保险，做过房产中介，帮朋友做过网站……平均三个月换一次工作，在理想和现实中做过无数次的挣扎。

◆ 厉害是攒出来的

人生就像大海,如果没有海水与暗礁碰撞起的浪花,就失去了原有的壮观;生活如果仅为求得一帆风顺,也将失去存在的魅力。

走进出版业之后,我的罗盘才最终在"内容"这块海域定了下来。

我26岁做总经理,29岁当总裁,33岁融资千万开公司。在此期间,我先后带领团队策划出版了《自控力》《拆掉思维里的墙》《人生不设限》《罗辑思维》等超级畅销书……与李开复、时寒冰、宋鸿兵、陈志武、罗振宇、乐嘉等众多商业名家、知名IP深入合作。我的人生像开了挂一样,在知识内容的土壤里汲取养分,开花结果。

回顾这18年,一路走来,我深知每一种成功背后都藏着许多鲜为人知的艰辛和苦痛。就像你只看到蜡梅傲娇绽放于寒冬,其实,它早已积蓄力量,在酷寒中隐忍多日。

你以为的那些开挂的学霸,不过是你早早入睡,他却还在挑灯奋战;你未醒,他却书声正酣。

你以为的那些开挂的写作大神,不过是码字码到深夜两点,

前言

日积月累，终于一飞冲天。

你以为的那些开挂的明星演员，其实经过了严苛的训练，幕后吃过无数苦，冒过无数险，才换来幕前的光鲜。

你以为的那些开挂的富豪企业家，输过多少回，背过多少债，受过多少辱，才换回今天的商场独步！

试想，如果人到中年，当你如数家珍般高谈阔论别人的人生，却发现自己身上毫无可圈可点之处时，那是怎样的悲哀！

所以，就从现在开始吧！给自己制订一个具体而真实的目标，然后坚持不懈地去努力。

世上所有的开挂，都不过是厚积薄发。只要坚持下去，你想要的，岁月一定都会给你。

目 录

Part 1
停止向上生长,才是最可怕的事

002　不舒服的地方才有成长的机会

007　你的输赢由自己定义

015　不要让别人破坏你的内心秩序

020　你的拧巴,只因为缺少基本的职业规划

025　你所谓的稳定,其实一直在变

Part 2
通天之路,也要从脚下开始

030　自由是规划出来的,简单的工作也要"从长计议"

034　感到焦虑和迷茫,最好的办法就是把握现在

038　六招练就沟通力,正确理解别人又清晰表达自己

044　不断自我精进,自己和自己争

050　创业,从做一个优秀的职场人开始

Part 3
别急,在自己喜欢的领域里做到1%

054 向内探寻,让自己免陷情绪内耗

059 引导和利用正向情绪,做高情商的人

068 从恐惧到拥抱,3招应对不可预知的未来

076 人生哪有来不及,不过是你太着急

Part 4
新经济时代下的4大关键认识,是你实现愿景的台阶

082 善用场景力,新时代成功的关键一招

091 认知盈余,让他人免费帮你办事

100 把握体验经济的本质,从打工向老板华丽变身

110 理解共享经济,抓住不用上班就能赚钱的机遇

Part 5

可迁移能力，让你轻松应对复杂的问题

120　掌握数据分析技巧，提升实用思维能力

128　结构化思考，让你的思维更有逻辑

132　沟通能力说到底是你的思维能力

137　理解稀缺性、选择权和比较优势，助你精准决策

Part 6

重新认识人际关系，扩大你的影响力

148　巧用社交红利，为你的人际资源关系加分

158　用语言演绎说服他人，用身体语言塑造自己

165　远离"应该"，赢得他人认同

173　科学认识人格化，成就自己的人格魅力

Part 7

你无需证明自己，只需要持续精进地努力

- 182　能力的精进和内心的自信，让你从容又淡定
- 190　人生从来靠自己成全
- 196　形势变动的时候，更要坚持不断地提升自己
- 200　时间会帮你筛选身边的人，真正的老实人不会太吃亏

Part 8

世上所有的开挂，都是厚积薄发

- 208　多学知识，不如多学点智慧
- 211　正确选择知识付费，让聪明的大脑为你所用
- 219　深度学习，提升自己的核心竞争力
- 228　求人不如求己，用优质内容成就自我价值
- 238　努力奋斗，活成自己想要的样子

Part 1

停止向上生长,才是最可怕的事

◆ 厉害是攒出来的

不舒服的地方才有成长的机会

　　书籍是宝藏，人们的思想和经验的精华都在书中。其实，我们也可以把身边每一个人都看成一本书。我喜欢一句话："学高为师，身正为范"。"三人行，必有我师"，懂得向前辈和高人偷师的人往往能走得更快、更远。金庸笔下的郭靖郭大侠就是一个偷师的高手。所谓大智若愚，大巧若拙。真正的聪明人往往都有一招"笨"功夫：虚心向高手学习的韧劲。这股劲头总能让那些特立独行的前辈们心甘情愿地掏出他们的干货、绝学，对你倾囊相授。

　　初入社会，我们不懂的东西比懂的东西多，与人打交道又比与书打交道频率高。所以，要想进步，最快、最好的方式就是偷师——向行业中更有知识、更有经验的前辈学习。

　　当然，偷师也是有技巧的，你要能够用让人乐于接受的方式问出高级的、恰到好处的问题。如此一来，只要你所在的公司或

Part 1
停止向上生长，才是最可怕的事

工作环境不是太差，你总能从周围的资深人士身上学到很多，比如你的领导、同事或者客户。观察他们的做事方法和习惯，学习他们的思维和心态，总能帮助你提升自己的专业性和认知水平。

偷师是门技术活，必须走出两个心理误区。

一是"我即我的岗位"。

工作中，许多人常常把"我"和"我的岗位"混为一谈，认为"我即我的岗位"。

我有一个老同事，初入公司时，老板还挺重视他，给了他一个相当不错的职位。不过他有一个问题，就是只扫自己门前雪，不管他人瓦上霜。于他而言，做好他认为职责范围内的事就可以了，分外之事一点都不愿干。结果在几年内，公司规模越来越大，员工人数从几十人到几百人，而他的职位却越做越低，甚至连他亲自招聘的下属也成了他的领导。

面对这种情况，他居然安之若素，坚决不挪地儿。其实也不奇怪，因为他是一个把自己的岗位边界看得很窄的人。这是一种典型的"我即我的岗位"的心态，本质上是一种思维的自我设限。

在我们的日常工作当中，这类人不在少数。不同的是，有的人最后选择了离开,有的人则选择继续耗费生命。

工作岗位划分的本质是为了更好地达成组织目标,我们并非为岗位职责服务,而是为组织目标服务。因此,在工作上多做一点,可以让岗位边界变得宽阔。很多时候,你以为的"他人瓦上霜",其实也是你的"一亩三分地"。

聪明人在进入工作角色后,都会用一个更高、更宽的维度来定义自己的角色边界,而不是陷入"我即我的岗位"的思维陷阱。 这也是我们让自己进入"想学的越多,学会考虑的越多,干得越多,获得的机会就越多"的正向成长循环的基础。

二是躲事,不愿走出自己的舒适区。

我的一位老同学经常和我谈论他的第一份工作。他每次说起都感慨万千,充满无限怀念之情,声称自己特别喜欢第一份工作,不过非常遗憾,三个月的试用期还没过就被辞退了。他至今都不知道原因,为此耿耿于怀。

当我向他问及具体的经过时,他是这样讲述的:因为自认为性格比较内向,所以一进公司,他就开始闷头做事,不怎么和老同事交流。他只和一个比他进公司稍晚一点的同事一起出去吃饭。

Part 1
停止向上生长，才是最可怕的事

一个月后，这位新同事"莫名其妙"地不再与他一起，而是选择与后面新来的同事一起吃饭。直到离职，他也不清楚那位同事态度变化的原因。

听了这个故事，大家一定为我这位老同学的行为发笑，感叹其傻。其实，他的这种行为，是一种极为普遍的躲事心理。

我们中的大多数人习惯于躲老板，躲前辈。细细分析他们这一"躲"的行为，其背后心理就在于他们一般认为老板找自己必定没好事，不想惹"祸"上身。而前辈比自己懂得多得多，和他们交流真的好有压力感。

于是，为了避免在老板和前辈面前自惭形秽，避免被询问的尴尬，他们不但"躲"，还自我安慰说：老板和前辈们都太忙，我不好意思打扰他们。其行为内在的心理动机就源于他们习惯于将自己放在一个舒适区里。

事实上,他们不知道，这看似不经意的"躲"，**躲过的不是麻烦，而是资源**。要知道，**老板和前辈的时间就是资源，一旦他们愿意在我们身上花费时间，恰恰说明了我们与我们正在做的事情的价值**。他们是职场老鸟，自然深谙筛选之道，清楚将时间花在我们身上是否值得，而我们要做的是**抓住机会**，尽最大的努力展现自

◆ 厉害是攒出来的

己的价值，将这个资源抢到手。

　　没错，面对压力，人人均会产生不适感，尤其是在老板和高手面前。不过既然选择了这份工作，本质上就选择了这份挑战，所谓"逆水行舟，不进则退"，你以为的舒适区其实是一个坑，不舒服的事情才是成长的机会所在。

Part 1
停止向上生长，才是最可怕的事

你的输赢由自己定义

俗话说"女怕嫁错郎，男怕入错行"，年轻人更常被告知要"跟对人、走对路、做对事"，成长路上，我们必须注重对自己能力的培养，同时，选择或遇到一个靠谱的领导也同等重要。

明辉是我的发小，一直是父母眼中的"别人家的孩子"。我妈总是对我说："你瞧瞧人家明辉。"

没错，从小到大，明辉都是学霸般的存在。名牌大学毕业后，他轻轻松松进了一家众多同学挤破头都无法进入的公司。当然，能进入这家公司，不仅意味着高收入，还因公司在业界的地位，作为其中的一员自然会令人艳羡，真可谓有里有面儿。

明辉是这家公司十几年来唯一的一个本科生。他的幸运，来自他所在部门的领导。这位领导看了明辉在大学时写的文章，认定他是一个有想法的人，于是扛住公司的压力，破格将明辉招了进去。

◆ 厉害是攒出来的

所有人都认为明辉的前途一片光明,因为他不仅进了好公司,直属领导还是他的伯乐。明辉当然也对此坚信不疑。他对领导心存感激,暗下决心跟着领导好好干。工作中,他相当主动积极,经常向领导提一些建议,而领导虽然不会直接采纳,但也总说:"我会考虑你的建议。"明辉把公司当作自己一辈子的归宿。

工作不到一年,明辉就买了房子,和心爱的女生结了婚。第二年,明辉的第一个孩子出生了。就在这时,公司规划到外地开拓一块新业务,需要外派一个人去负责,为期约半年。

领导安排明辉去,明辉拒绝了,原因是孩子刚出生,他实在舍不得孩子。

明辉领导的做事风格向来是"快、准、狠"。在明辉之前,整个部门从来没人敢拒绝他的要求。明辉的拒绝,让领导从此对他冷眼相待。

明辉觉得,自己的孩子刚出生,家里家外都需要人照顾,实在没有办法,领导是过来人,过一段时间应该就会理解自己了。

但他错了。这位领导从来都希望员工对他言听计从,指哪打哪。于是领导开始拿他"杀鸡儆猴"。

从此,明辉被打入了"冷宫"。他曾想调到另一部门去,但领

> Part 1
> 停止向上生长，才是最可怕的事

导坚决不放人。明辉也想过辞职，却又一直下不了决心。在异常艰难的取舍之间，明辉生了一场大病，耽误了一两年的时间，于是他更不敢辞职了。

转眼间，十年过去了，多年的媳妇熬成了婆，明辉却突然发现，自己所在的公司已经被相当多的后起之秀超越，不再是行业翘楚，不再有任何的优势。于是，他想到了辞职。但他同时也意识到，如果现在辞职去新公司，就要从小职员做起，而自己一把年纪了，和那些刚入职的大学毕业生同台竞技，精力和体力可能都跟不上。在这座城市，自己该有的，公司都提供了，他也算精英阶层中的一员，如果不辞职，"混"个日子，也可以衣食无忧。但那个处处挤兑自己的领导刚升任了公司CEO，日子也是不好"混"的。究竟该何去何从，明辉特别彷徨，内心油然生出身不由己的伤感。

但一个领导，真的就会断送你所有的青春，让你的人生再无希望吗？不会，任何时候都不会。

心理学中有一个词叫"损失厌恶"。所谓的"损失厌恶"，就是人们在面对同样数量的收益和损失时，认为损失更加令人难以忍受。举个简单的例子，你丢了100块钱的痛苦需要得到250块钱的快乐才能互相抵消。

◆ 厉害是攒出来的

30多岁的中年人，大多拥有相对稳定的职业和可观的收入，这恰恰是他们身不由己的原因。此时如果放弃当下拥有的一切，重新开始，他们心里就会犯嘀咕："我要养家糊口，如果辞职去别的领域发展，万一失败了，那就什么都没有了。"正是由于这种想法，很多中年人便畏首畏尾，安于现状。明辉就是一个典型代表。

同样的处境，大军则和明辉做出了截然不同的选择。

大军刚来北京时是我们所有朋友里混得最好的。后来他回老家结婚生子，又因为诸多原因事业受挫，欠下了几十万的债务，不得不重新回到北京打工。他做着一份月入8000元的工作，每个月收入在满足全家人基本生活后，所剩无几。不过就在最艰难的那几年里，大军也从来不自怨自艾，他总是勇敢地扛起责任，努力、进取、乐观。

相比他当年的成功，我却觉得此时是他人生中最好的时候，因为他的未来充满了无限的可能。如今大军已经还清了所有的债务，日子也越过越好。

生活总是让人猝不及防，明辉和大军在三十几岁的年纪，同

Part 1
停止向上生长，才是最可怕的事

样遭到了生活的痛击。明辉仍拥有优越的物质条件，而大军似乎除了家庭一无所有。但很多时候，**决定我们状态的是我们的心态，而非处境，成功往往是被逼出来的，有时候困住我们的，恰好是我们所拥有的。**

所以，**保持清零心态，放下那些已经拥有的束缚，不时逼一逼自己，好过被动地让外界来逼我们。**

我的大学校友大冰在校时一向以情商低著称。初识大冰，他给我的印象不太好，因为他极易动粗。大学毕业后，家人动用各种关系，好不容易将他安排进了一家国企。结果没几个月，他就辞了职。

刚到北京时，他先后换了三个工作。说是换了三个工作，其实两次都是公司炒了他，还有一次是他自己受不了被排挤而主动辞职。再后来，他就进了现在的公司。

刚进这家公司，大冰就在产品开发上和领导发生了分歧。不过他发现，在这家公司，虽然有时领导被他气得直跳脚，不过大家多是就事论事，很少涉及对人的评价。相反，他自己却动辄评价领导。

◆ 厉害是攒出来的

一次，他再次因产品开发与领导产生了分歧，他一怒之下写了辞职信，指责领导根本不懂这个产品。就在他做好打包走人的准备时，领导不但坚决不同意他辞职，还态度诚恳地挽留他。最后，大冰也冷静了下来。

这么多年来，大冰和他的领导之间仍是冲突不断。不过正是在种种冲突之中，大冰发现自己慢慢地成长了。

一次喝酒的时候，大冰问领导："公司各色人等，冲突不断，你不烦吗？"

领导引用了乔布斯的一段话："那些本来只是寻常不过的石头，却经由互相摩擦，互相砥砺，发出些许噪音，才变成美丽光滑的石头。"

多年过去了，大冰早已成为他所在行业的精英，经常接到猎头公司的电话。当对方舌灿莲花地给出相当优渥的条件时，他也想过离职，并下定决心，如果下次领导再挑衅，他就走人。然而，每次都只是想想而已。如今，他还在与领导不停争论、互相成就的路上一路前行。

或许在一些人看来，相比大冰，明辉实在不走运，遇到了一个格局不大的领导，而他本人又太过优柔寡断。而大冰则要幸运

> Part 1
> 停止向上生长，才是最可怕的事

得多，碰上了一个不计较的领导。

难道真是明辉和大军遇到的领导决定了他们的命运？我不这么认为，更多时候，**决定事情结果的关键在于我们自己。**

空闲时间，我喜欢和一个朋友打台球。虽然我的球技不怎么样，但热情极高。而对方球技过人，我与他打球，十次有九次输，而且赢的那一次也是他让了我。在外人看来，我和他打球，就是在找虐，不过我就是喜欢。

因为在我看来，如果对方强我就退缩，不敢挑战，那我一辈子都别想打过他。于是每次我们打球后，我就告诉自己：下次再比赛，只要我赢一局，那我就算赢了。而当我真的赢了一局的时候，我又告诉自己：下一次只要我赢两局，就算赢了。慢慢地，我从最初场场都输，逐渐变成能和这位朋友打成平手。

生活不会总是按照你的设想出牌，甚至不按常理出牌。它会不时地给你一段段艰难的时光。但不管你是遇到一个强势的领导，还是一个强劲的对手，甚至生活无情地将你打入谷底，你的输赢都是可以由你自己定义的。

或许在他人眼里，无论你赢一局还是两局，都仍旧是一个

◆ 厉害是攒出来的

loser（失败者），是被别人碾压的对象。而从你自身的角度来看，你是在不断进步的。**只要你坚持由自己定义输赢，不受身边其他因素的影响，那么，你迟早会取得成功。**

Part 1
停止向上生长，才是最可怕的事

不要让别人破坏你的内心秩序

一次我跟朋友大宏喝酒。聊到深处，大宏开始嘟囔起来，说自己是一个不太爱交际的人，工作了这么多年，就交了几个朋友，可这几个朋友还都是些借钱不还的人。

我迅速回想了一下，我是不是欠了这小子钱？他是不是在借酒向我催债呢？

大宏是个实在人，没什么坏心眼，工作也从不偷奸耍滑，是一个值得信赖的同事。不过在人际关系上，老实人大宏却经常会陷入麻烦。用他自己的话说，就叫遇人不淑。

实际上，认识大宏的人，都觉得与他相处会有一种隐隐的压力，因为他实在是一个好得不能再好的人。

比如，中午他替朋友叫了个外卖，如果你一忙，忘记把外卖钱给他了，他虽然心里一直记着你欠他的钱，但他一定不会提醒你。当然了，大多数同事还是能在事后想起，将钱转给大宏。不过时间一长，还真有一个同事，急用钱时向他借了几百块钱，事后忘得一干二净。

因为听到大宏私下嘟囔过几次，有人就问他为什么不直接向对方要？大宏却说："为了这么一点小钱，就直接问人家要，多不好意思啊。"

话虽如此，他自己却总惦记着那些钱。为了安慰自己，他经常说："谁让自己是个好人呢，不舒服就不舒服吧。"

一次，他又在我面前唠叨这件事，我就对他说："既然这样，你把那些该还你钱的人名字告诉我，我去帮你要回来。"结果大宏马上站起来，情绪激动地说："你千万不能这样，我本来就没几个朋友，你这样一闹，我在全公司就成了孤家寡人啦。"

有人可能认为大宏太小气，我却不这么看。大宏是从农村出来的，平时生活很节俭。他从来不占别人一丁点儿便宜。他认为，既然不占别人便宜，也不想给别人占便宜。

问题是他这样的处理方式，最终的结果还是让自己不舒服。

其实在职场上，人际关系非常微妙。人与人之间的关系，往往就在方寸之间。要把握好人与人之间的边界，并不是一件容易的事。

Part 1
停止向上生长，才是最可怕的事

随着互联网时代的到来，传统的熟人交际圈逐渐被淡化。很多人来到一座陌生的城市，每天过着单调的两点一线的生活，同事圈就是朋友圈。面对这种介于朋友和同事之间的关系，一旦发生矛盾，有的人就会选择隐忍。

某自媒体人就遇到过类似的事：她的一些前同事借着之前共事的情谊，总想让她帮着免费写软文，她不胜其烦。后来，她根据她和前同事的真实经历写了一篇文章，不仅获得了巨大阅读量，同时也引发了巨大的社会争议。

正所谓，有人的地方，就有江湖。

现代职场的人际关系、职场心理环境变得越来越复杂，如何处理好职场人际关系，成了一个无处不在的难题。

职场中，总有人抢成果。有时候踏踏实实、埋头做事的人，拼不过早请示晚汇报的；你牺牲了休息和睡眠做出的方案，被人拿去轻松转成了PPT，成绩都成了他的。还有那些赞美中包含的攻击，微笑中夹带的恶意，让人苦不堪言，疲惫不堪。

是不是他不仁，你就可以不义？

事实上，当许多人在想着别人的不仁义时，内心是不是也住着一个自己不好意思面对的人？

而我想说的是，**不要让别人破坏你内心的秩序**。一个成熟的人绝对不会允许自己陷入以上困境。

在前文，我之所以主动提出帮大宏要钱，只是想告诉他：去要这个钱，不是为了钱本身，而是为了维护自己内心的秩序。

这种不好意思去要钱的人和那些遇事咄咄逼人、稍微出点问题就定义别人为"坏人"的人，从本质上来讲，是同一类人。他们的共同之处就在于不敢把自己内心的真实秩序公开出来。

人与人相处，处处周到，尽量照顾到大家的感受，这当然没什么问题。但这有一个前提，那就是不违反我们内心的秩序。

倘若在对人客气显得自己友好和维护自己的内心秩序之间做出选择，我会毫不犹豫地选择内心秩序。

内心秩序是我们生命中最重要也无比珍贵的东西。因为它的存在，才不会让我们在这个复杂的世界里迷失。

所以，为了维护内心的秩序，我们既无需为了所谓的面子让自己不舒服，也无需因他人让我们尴尬而将他人称为"坏人"。

很多初入职场的新人，尤其是性格内向的人，在面对复杂的人际关系时，常常会显得手足无措。其实，遇到了这类情况，只需要掌握一些原则就好。

首先,你要明白,表明自己的原则并不是件得罪人的事情。**别人会因为了解到你的原则,更加清楚如何与你保持关系。**相反,如果你不向他人表明自己的原则,别人反而可能因为不知道你心里到底在想什么而疏远你。

其次,**要尊重多样性**。公司的同事们总会性格各异,每个人对人际关系的理解都不一样,有的人觉得职场就是要玩"办公室政治",有人则认为职场的成功要靠高情商。

事实上,无论是情商还是"办公室政治",都不过是"手段",而非目的。人在职场,处理人际关系的目的就是要维护自己的内心秩序。为了维护自己内心的秩序,为了适应复杂的人际关系环境,我们需要学习,但不能"邯郸学步"。因为任何学习,都要基于维护自己内心秩序的目的。

第三,**不要对人进行道德评判**。要知道,那些听你对别人进行道德评判的人,心里一定在想:我是不是他口中的那种人呢?

最后,**有话直说**是职场人一辈子的修行,我们要学会坦诚面对自己的内心,学会更加妥善地表达。

◆ 厉害是攒出来的

你的拧巴，只因为缺少基本的职业规划

婷婷今年35岁，本科毕业以后在沈阳从事汽车行业相关的工作。她目前在宝马做办公室工作，这份工作她已经做了7年之久。在单位，她跟同事和领导的关系都处得很一般。最近，她认为自己到了发展的瓶颈期，压力非常大，心情烦躁，总爱发脾气。她有了换单位的想法，想找一个轻松自由的事，比如兼职帮人接送孩子，同时顺便照顾自己的孩子。但这样一来，待遇就会差很多。

后来，她向我们个人发展学会的职业辅导师咨询，想知道自己应该怎样选择。

其实，她做了7年的办公室工作，说明这位朋友的职业方向相对稳定，同时汽车行业也比较有发展空间。从行业到公司，稳定性都极高，在这种情况下，她还觉得压力大，通常是因为她自己没有成长，赶不上行业和公司的发展速度了。这样，就不可避免地带来身心上的焦虑，她开始烦躁、爱发脾气，因为她对周围

Part 1
停止向上生长，才是最可怕的事

的环境实在太熟悉，以至于她即便意识到自己与同事的关系一般，也不愿意去改善，甚至连与领导的关系都不愿意去"经营"。

种种迹象表明，这位朋友的问题是我们所说的职场中的"老员工"问题。

"老员工"问题，通常就是员工坐在一个位置上，万年不动，既不升也不降，渐渐就会开始混日子。陷入这种状态以后，老员工内心又会比较纠结，一方面怕自己被淘汰，一方面又懒得去改变现在的状态。

这就好比温水煮青蛙。我们如果在一个岗位上干得久了，再想要获得成长，是需要很强的意志力的。在心理学上，这种物理上努力、心智上逃避的情况叫作陷入了心理舒适区。就像我们知道健身有益，但是大多数人难以坚持，且死活控制不了自己的食欲。因为吃东西是让你很舒服的，但你要去坚持健身，要通过21天重塑一个习惯却是不舒适的。

改变一个人的习惯确实很难。以我自己为例，之前公司离我家比较远，那时我早上7:00起床，9:00到单位，后来公司搬到了我家附近，我就8:40起床，还是9点多到单位，早起开始变成一件极其痛苦的事情。有时我甚至要设好几个闹钟，从8:00开始，每隔10分钟闹一次,到最后不得不起的时候,我才起床。

晚睡也是这样。如果本来你习惯晚上一两点睡觉,却突然要把作息调整到早睡,这个调整过程也非常痛苦。

你知道晚睡对身体不好,想早睡,可是做不到;你想早起,也知道早起对身体好也很有必要,但你还是做不到。这种纠结让你陷入了消耗意志力的恶性循环。在工作单位,你放任自己,认为自己和同事、领导的关系不需要维护,这也是需要意志力去改变的定向行为习惯。

在工作当中,要养成一个习惯,就要突破自己的舒适区。

招聘员工时,我不大倾向于招在某个行业中工作时间太长的员工。比如招做知识付费节目的产品经理,一个工作了三五年还没有什么大的成就的人远不如一张白纸的新人。因为改变一个工作多年的人的思维定势,其实要比培养新人的职业素养投入更多。

那位宝马的员工很痛苦,某种程度上是因为她陷入了思维定势,她需要意志力去克服,只有痛定思痛,才能跳出来。

她说自己遇到了职业瓶颈,于是想换工作,多了另外一种

Part 1
停止向上生长，才是最可怕的事

念想：做兼职顺便照顾孩子，但是又纠结于做了这个选择之后收入和待遇会少很多。当她很难去做选择的时候，其实她的内心已经给出了答案：她不愿意面对收入更低的生活。这种看上去是选择层面的纠结，其实是对现有问题的回避，是一种矛盾与焦点的转移。

人生有不同的活法，你也可以选择不用在职场当中去拼搏，而是回归家庭，做一个家庭主妇，这也是一种生活方式。但当你选择这种方式之后，你要真的发自内心地享受，就完全不会拧巴了。

我姐比我大3岁，在老家做公务员，她大女儿14岁，小女儿2岁。她认为自己过得很幸福，没有什么大风大浪。而我呢，朝着追寻的方向一条道走到黑，不断为自己增加挑战，一路打怪升级，我对自己的人生状态也很满意。两种人生、两种状态都没有对错。哪怕我和我姐时常彼此羡慕，但本质上却不会真的选择另外一个人的生活。

所以，我建议这位咨询者扪心自问，带孩子做兼职的这种工作方式是否能弥补你的遗憾？你能否发自内心地感到开心快乐？

其实，我们很多人都缺少一堂基本的职业规划课，缺乏对职

业的深度认知。这位咨询者的问题恰恰说明她对工作与职业、兴趣与爱好，个人发展规划等完全没有意识，更谈不上深度认知。最后我建议她：要想在职业当中有所突破，需要锻炼个人意志力，主动和同事、领导搞好关系，重新设立自己的职业目标。

Part 1
停止向上生长,才是最可怕的事

你所谓的稳定,其实一直在变

有个女孩子说,自己上学时没有想过太多,那时不挂科就已是满足,自己的目标是:进入社会后找一份稳定的工作,能养活自己;找个差不多的人结婚,过着差不多的生活。但是随着自己的成长,经历过一些事后,她突然对自己的未来发展感到恐惧,她认为,社会根本没有稳定可言。

为什么这位朋友的内心会有如此大的落差感呢?

因为在市场化环境中,行业趋势和公司发展不可能永远不变,所以,你不可能去追求一份稳定的工作,而是要追求终身成长和养成成长性思维的习惯。

在一个稳定的岗位上,业绩不变,岗位也不升迁,但是配合你的同事以及其他部门的人业绩却在增长,这就会对你形成一种无形的压力。

如果你是一个领导,你的下属要成长,你在这个位置坐着八百年不动，那么你的下属怎么往上升呢？

　　从领导的角度讲，公司要发展，他要追求更高的业绩，你的稳定就会阻碍公司的成长。在这种情况下，你待得越久，就越容易让自己成为公司发展的瓶颈。所以我们要知道，没有一成不变的稳定。

　　社会发展日新月异，我们学到的知识三到五年就会更新一次。三五年之后你会发现，自己之前学到的东西都过时了，要重新学习。近二十年来互联网的发展，让我们的生活也发生了翻天覆地的变化。社会在变，市场在变，连政府都要赶上社会的发展，变革公务员的选拔体系，所以，公司的发展难道就会不追求成长性吗？既然公司要追求成长性，我们就不可能一成不变，就需要拥有终身学习和终身成长的意识。

　　当我们追求所谓的稳定时，其实是追求一种幻觉和妄念。很多人在职业生涯中遇到的瓶颈和痛苦，就是因为这种认知影响了他们的发展，让他们的自我定位产生了偏移。

　　你认为可以一成不变，本质是你把自己的眼睛闭上了，外部世界明明有竞争和挑战，你却偏偏无视，当你睁开眼睛的时候，发现世界已经变了。

Part 1
停止向上生长，才是最可怕的事

我问你一个问题，你是否关注和分析过我国的宏观经济形势？你是否知道中国和美国为什么会有贸易战呢？

其实在过去，中国和美国的发展模式是互补的，美国出口一些所谓的高端产品，在中国做原材料加工，比如美国人卖iPhone，中国就有富士康来做代加工，这种合作关系是优势互补。但在这个过程中，随着中国的发展壮大，中国开始和美国竞争，关系也不再只是互补了。

如今，中国的小米和华为这样的公司需要成长，就必须去分iPhone的市场，和iPhone竞争，和美国人在全世界范围内竞争，这就直接导致了中美贸易战。中国和美国的关系从互补变成了中国和美国在世界舞台上同台竞技。在这样的经济形势下，中国能够逃避和无视这种挑战吗？

连国家都不能回避成长与挑战，必须直面这种经济竞争。如果美国在发展，而我们安于现状，就会走上落后挨打的老路。

所以，我们的个人发展更是如此。如果你回避，就意味着你就要保持现状，停滞不前，然后被别人超越。我们一定要认识到，**世界上没有稳定的工作，没有所谓的稳定和安逸，我们必须直面一切竞争。**

◆ 厉害是攒出来的

有一次我和职业辅导师团队的成员开会时，他们问了我这样一个问题：人为什么会追求安逸、稳定的生活呢？为什么很多人会对不安定或者变化感到恐惧呢？

我这样回答他们：很多职业发展问题是怎么来的？就是因为我们一开始就憧憬稳定安逸的生活状态，最后使得我们害怕改变。寻求稳定，最终却迫使我们不得不面对改变。**如果我们一开始就不惧挑战，把挑战当作人生的常态，把终身学习当作社会人应有的一种姿态，那又怎么会存在你突破不了的现状和改变不了的瓶颈呢？**要知道，我们几千年的人类发展历史，都是滚滚车轮一直向前，都在不断革故鼎新，满足人们更高级的需求。

如今，互联网的发展使得人与人之间的连接更加紧密，也使得所有人在同等层面的竞争增多，我们只能迎头赶上，直面困难。大多数人的幸福感都来源于比较，很多人都希望自己比别人过得更好，这种比较就是社会发展的源动力。你希望比别人更好，所以你就要更努力一点，这就促使我们不断竞争。严格意义上，吃饱穿暖这件事情在社会发展的现阶段已经基本解决了，但是你能够忍受不用智能手机的生活吗？你能忍受没有互联网的生活吗？显然我们都不能忍受，因为我们都是社会人。

Part 2
通天之路,也要从脚下开始

◆ 厉害是攒出来的

自由是规划出来的,简单的工作也要"从长计议"

有个学员在酒店做人力管理工作,现任人事经理,但她其实只想做一份简单的工作,压力不太大,找个爱自己的人,平淡过一生。她问我们个人发展学会的职业辅导师,她应该选一份自己喜欢的工作还是继续做人力的工作?

这位学员认为职业规划没那么重要,因为她只想做一份简单的工作而已,并没有太高的要求。但是,职业规划真的不重要吗?一份工作再怎么稳定,再怎么追求简单,一天也要占据8小时。即使想要工作简单一些,也涉及规划和定位的问题。所以,不趁早认识到职业规划的重要性,回避系统认知职业的问题,绕上一大圈之后,你终究还是会遇到这个坎。

职业生涯规划等同于每个人的人生战略规划,哪怕你不想工作,这辈子就想休息,你也得考虑怎样规划出轻松惬意且有充足保障的生活。很多人认为,我不工作,所以我就不需要职业规划,

Part 2
通天之路，也要从脚下开始

这个想法其实是欠妥的。经济基础决定上层建筑，通往自由的人生从来都是规划出来的。

当然，所谓的自由也有三个维度，包括时间自由、经济自由，还有精神自由。工作的本质是为了创造价值，这是作为社会人，通过创造社会价值实现自由的必经之路。职业规划师少毅老师主讲的职业精英研修班中提到过，职业的发展分为四个维度：能力提升、物质回报、生活平衡和自我实现。

如果你问我：到底应不应该去做一份自己喜欢的工作？我想这个问题的回答当然是：你应该去做喜欢的工作。可这世界上没有绝对的喜欢或者不喜欢，你找对象，喜欢一个人，也要包容他的缺点，对吧？任何工作中都有你不得不面对的东西，当你还在寻找一份喜欢的工作时，你不过是在幻想那种感觉。

这位学员在人力工作中，一开始抱有的就是应付心态，所以很难发现工作的价值感，下次就算她找到一份喜欢的工作，工作久了还是会有各种不满，还是会考虑放弃。平淡稳定、没有烦恼的工作真的存在吗？白岩松出过一本书叫《痛并快乐着》，书中提到，没有疼痛的快乐，你也很难感受到有多快乐。**在工作中，你肯定会面临逐渐对工作不感兴趣的问题，所以与其寻找自己喜**

◆ 厉害是攒出来的

欢的工作,不如先感受一下工作里有什么让自己快乐的价值。个人发展学会有个价值观,叫作"意义感",善于发现每件事情背后的价值和意义感,就是发现更多的快乐和可能。所以我也建议这位学员回过头来重新梳理一下对职业的认知,好好思考一下:"人间不值得,什么值得"?

我刚毕业时就想做房地产,但因为我大学学的是编辑出版,所以不得不找专业对口的实习工作。可是,我不想进入在当时环境下略显古板的出版社,所以就去了民营出版公司。

当时的领导看我总惦记着房地产工作,就对我说了一番话,如当头棒喝。他说:"你不要认为自己是真的喜欢房地产行业,我告诉你,**无论做什么工作,只要做出价值感,你就会开始喜欢它。**"

就算做房地产,一个月卖不出去一套房子,你还会喜欢这份工作吗?所以,工作的本质还是你对价值感的追求。做什么工作没有区别,那不过是一时的喜好,你只是选择了不同的起点开始而已,最终都会殊途同归。

这位学员如果把人力工作做到极致,还可以做其他工作,她的技能和能力还可以用在其他地方。所以,不要纠结一开始要干什么，如果干了6年还在纠结这个问题，那就说明这6年时间真被轻易地荒废了。时间就是金钱，一个人最黄金的时间也就一二十年，职业规划，是一件和时间赛跑的事情。

我辍过学当过民工，从头再来的时候，我每做一件事情，都会确定一个目标。比如我以前卖保险，我就想未来成为一名金牌销售员，我做房地产，就想成为一名房地产大亨，我做图书编辑，就想成为一个知名出版人。我做知识付费做教育培训，就希望能够帮助更多年轻人成长。

最后，我给了这位学员一个建议：**让自己养成一个好习惯——做每一件事情都赋予其一个价值感。**

◆ 厉害是攒出来的

感到焦虑和迷茫，最好的办法就是把握现在

许多人常常有这种感觉，时间一天一天过去，只有年龄增长，没有实际长进，看到周围人都比自己优秀，就开始感到焦虑和迷茫。

其实这个问题，根源在于你缺乏目标掌控感，也看不到自己的成长轨迹。

所以你要学会管理自己的目标，养成记录自己成长的好习惯。养成这种好习惯，最简单的开始就是——**写周报**。

一个好的周报该怎么写呢？首先要把这周的目标用可量化的数字呈现。比如公众号涨了多少粉丝，产品卖到多少份，制作的节目有多少人听到，等等，这个可量化的目标数字是最核心的指标，最能反映你在这份工作中创造了多少价值。

目标不要散，每周为自己定不超过两个核心目标，然后围绕自己的核心指标去写周报。写周报时，主要有四点内容：**第一点是目标**；**第二点是为了完成这个目标需要采取哪些最关键的步骤**；

第三点是为了完成这个目标，有哪些问题需要去解决；第四点是上周的目标完成情况及复盘。

我们用这个模板让很多同事写周报，也是希望通过这样的形式去培养所有同事的职业性。在讲职业性之前，我先详解下写周报那四个点的逻辑。

首先，目标必须是切实可实现的，你至少能够完成这个目标的80%。所有宏大的目标都需要拆解为周目标去完成。你说自己想一年实现某个宏大目标时，千万不要骗自己，如果你不能够把这个目标倒推到以周为单位去执行，其实这个目标很可能是实现不了的。记住：人们很容易高估自己较短时间之内取得的成就，而低估自己坚持更长时间创造的可能。所以周目标是要可量化可分解的，每一个相对可量化的小目标都是你实现月度目标、季度目标甚至年度目标的根本。

制订周目标时，一定要给自己制订一个较为靠谱的保守目标，尽全力去做，至少要有80%的把握能够完成。通过这样的方式管理自己的目标，能够让自己的目标越来越准确。当然，如果你认为一个更为理想的目标也有可能完成，那就定两个目标，一个基础目标和一个理想目标。或者一个保底目标和一个期待目标。

保底目标一定要有可能百分之百地完成，最多不超过20%的偏差，哪怕这个目标离别人对你的期待或领导对你的期待相差较远，但这个数字不是用来骗自己的，是给自己看的，这很重要。

除了制定目标之外，你一定要明确为了完成这个目标，有哪些最关键的动作？有哪些最核心的问题？这些问题该怎么解决？上周目标完成得怎么样？每周都做回顾，厘清理想目标和基础目标之间的关系是什么样的？业绩超出预期了，还是没有超出预期？如果没有超出预期，原因是什么？超出了预期，原因又是什么？从这周的工作中你获得了哪些启发？

看起来，这只是一个周报，但实际上，它是对每个人每周行动和每周工作的梳理、对过去一周的总结和对未来的展望。当你能够做到每一周的行动目标都相对靠谱的时候，你就会成为一个越来越靠谱的人，对自己的能力的认知也会越来越清晰。

大家不妨做一个试验，你坚持52周写周报，刚好坚持一年的时间。到第52周你可以回头看第一周的周报，这时，你就能看出目标的区别，看出你设定的目标难度是否比以前有了更大的提高。

而这其实就意味着你的能力提升和成长,这些周报就是你的成长轨迹。

周报不是给领导看的,最重要的是给你自己看。我也推荐我的很多朋友用这种方式去试一试,我相信,运用这种方法,一年时间,你的工作产能一定会提高很多。

我见过很多茫然的员工,他们永远不知道自己的核心能力是什么。有的工作岗位确实涉及很多事情,但你也应当**通过不断定义自己的核心目标来梳理出主次**。从更长的时间跨度中回顾自己,能让你更好地对自我能力做出准确诊断。

◆ 厉害是攒出来的

六招练就沟通力,正确理解别人又清晰表达自己

沟通的本质是什么?在我看来,就是正确理解别人的意思,清晰表达自己的意思,在此基础上寻求共识与问题解决方案的达成。

这样看似简单的问题,很多人却做不到,他们或不会做,或不愿做,或不能做。

很多时候,我们总是纠结于事情本身的对错,而不是以结果为导向,把如何解决问题当作目标。这是一种典型的职场新人思维。

因此,当我们学着将重心从"我"或"人",转移到"事情"上的时候,就会对利弊产生不同的态度。这才是职场人应有的职场思维。

人在职场,离不开沟通。那么,如何练就自己的职场沟通力呢?

1. 让对方而非自己成为谈话的中心。

沟通的核心在于与对方达成共识,站在对方的立场与出发点

上思考对方与你存在差异的原因,才能有效解决问题。这就要求我们在和同事沟通时,专注于别人说话的内容,而不是自己如何回答。

绝大多数人在与人沟通时,都乐于谈论自己,而这样做的后果往往会让沟通无效。因此,我们可以为自己做出如下沟通设定:

沟通是为了解决问题,而非阐述自己的无奈。

所以,一个较为有用的沟通技巧就是谈论对方,而非你自己。

当然,除非对方主动提出,你千万不要哪壶不开提哪壶,主动提及他负面的经历。倘若你无意中提到了,就要注意对方的反应。如果对方反应冷淡,表明对方对这个话题不感兴趣,你就应该换一个话题。

2.坚持原则,守住边界。

虽然以对方为中心,但你也要坚持原则。要先明确以下几点:我做这件事情的意义是什么?我能接受的底线是什么?如此一来,你才能确保自己做的事情是对的。

沟通过程中,还要注意坚持原则的方式。要知道,我们除了要做对的事,还要考虑如何将事情做对。

现实生活中，我们会发现，那些原则性不强的人，在做事过程中常会沦为老好人；原则性太强的人，在做事过程中过于在意原则，不会换位思考，总会忽略他人的感受。

比如在一个公司里，一些法务和财务人员总是不招人待见，这大多是因为他们为了坚守原则而忽略了坚守原则的方式，因而给人冷酷死板的感觉，自然招人讨厌。

3. 放下表面的立场。

绝大多数人一旦与人沟通，就会不由自主地选择一个具象的立场。殊不知，这种表面而具象的立场会令我们变得无法与人沟通。

这是因为，如果你给自己设定了立场，你就会发现，你已经处在了公正的对立面，由此导致混乱而无法将事情讲清楚。

因此，如果不想陷入立场之争，我们就有必要时刻提醒自己：沟通不是为了宣泄情绪和表达立场，而是为了寻找解决问题的途径与方法。我们要坚持一个基本的沟通原则：尊重事实，尽可能地只说事实，避免为情绪所左右。

当一个人能学会在沟通中尊重事实、就事论事，追求解决问题的目标时，他几乎很难被诱惑、激怒和利用。

4. 确保双方真正理解彼此的意思。

半数以上的沟通，都是在没能理解对方意思的情况下的无效沟通。看似在讨论同一件事情，实际上双方表达的意思却是南辕北辙；看似在进行激烈的争论，其实两个人的理解根本不在同一个维度上；各持己见的两人都试图说服对方，到最后才发现他们的意见其实是一致的。所以，在沟通的过程中，你可以用总结概括或者复述的形式，反复向对方确认，你是否理解了对方的意思，交流处于双方彼此"理解"的前提之下。

5. 寻求共有应答。

什么是完美的沟通？好的沟通是否存在一定的标准？美国心理学家罗伯特·J·斯腾伯格完美地给出了答案——"共有应答"。

什么是共有应答？

举个例子，一对彼此爱慕的男女在河边散步，女生无意中哼唱起一首歌，男生露出微笑，也跟着哼唱了几句。他们相视而笑，然后接着哼唱，彼此都感到惬意，并意识到对方都很享受这种互动。

这一情景极其形象地描写出了共有应答的状态。即在人与人相处的时候，双方在关系中感到安全、可靠和轻松的状态就是共有应答。它是沟通的终极目标。

好朋友之间为什么可以沟通顺畅融洽？原因就在于双方已经提前设定了共有应答，所以沟通起来极为放松。

人际沟通中，要和对方实现共有应答，就要懂得对方的想法，站在对方的角度去看问题，尝试爱上对方所喜欢的东西。

这也就是同理心，即把自己当别人，把别人当自己，把自己当自己，把别人当别人。这个能力非常重要，以至于有些学者认为同理心是最重要的沟通能力。

所以，只有拥有同理心，你们之间才能产生情感共鸣，实现共有应答。

6. 正确地提出批评和反对意见。

在人际交往中，很多时候，矛盾和冲突往往来自不恰当的批评，即很多人不知道如何科学地提意见。那么，如何得体地向同事提意见呢？

最佳方式是三明治法，即采用肯定、建议再肯定的方式。从我

Part 2
通天之路，也要从脚下开始

本人的使用效果来看，这是在不了解对方的情况下最稳妥的方法。

人们很少意识到，自己工作中的大多数问题都和沟通有关。

相信在未来的职场上，能驾轻就熟、长袖善舞之人，必定是对基本人性和客观世界充满洞见之人。因为他们练就了高超的沟通能力，从而让同事关系向着良性方向发展，获得工作的正确导向。

◆ 厉害是攒出来的

不断自我精进,自己和自己争

很多前辈会教我们用平常心看待一切。何为平常心?是遭到周围人误解时,能保持平心静气,不与人争吵,还是被人百般刁难时还隐忍不发?其实都不是。

在现在的职场上,多数人认为的平常心,就是那些混日子的"老油条"信奉的所谓的老庄哲学。在他们看来,平常心即一颗"不争心",就是人在职场,要学会让自己显得平常一些,要懂得收敛自己的锋芒,在遇到委屈的时候要大度。因为在他们看来,如果争强好胜,往往会过得不快乐。

这些"鬼话"千万不要信。相声演员郭德纲曾说:"我挺厌恶那种不明白任何情况就劝你大度的人,这种人你要离他远一点。因为雷劈的时候他会连累到你!"这话实在是话糙理不糙。

何为"不明白任何情况就劝你大度的人"呢?具体到我们的日常工作中,主要指以下三种老油条:

Part 2
通天之路，也要从脚下开始

第一种人本身就是利益相关者，唯恐因为你的竞争而触及他们的利益。他们的这种心理，就是心理学上的酸葡萄心理。

第二种人从某种意义上来说就是"和事佬"。这种人不明事理，压根不清楚你经历了什么，而是出于平息事态的目的，打着"为你好的幌子"，希望你把情绪放下。

第三种人是那些根本不清楚何为真正的平常心，更不清楚争与不争之间的区别的人。他们之所以主张不争，源于他们不曾见识到人生的精彩。

一个富翁到海滨度假，看见一个垂钓的渔夫。渔夫说："你累死累活，最后的结果不就是可以像我一样到海滨度假，晒晒太阳，钓钓鱼，享受生活吗？我什么都不用做就享受着和你相同的待遇，我和你之间，没有区别。"

富翁笑答："从表面上看，我的确和你没什么不同，不过我现在随时可以租一艘游艇，把那些社会名媛全部邀请过来，开一个party（聚会）。我不想到海边玩了又可以随时飞到塞舌尔群岛或者其他地方去。可你却没得选，只能一直待在海边。这就是咱们之间的区别。"

你看，富翁不仅钱比渔翁多，见识也比渔翁多得多。因此，你要小心并远离那些劝你保持平常心、不去争的老油条。

那么人是不是应该保持平常心呢？

没错，是要保持平常心。不过此平常心不同于彼平常心。聪明人要保持的平常心，就是**把在疼痛和压力中获取进步当作平常之事**。

一家公司新招了一名新员工。此人看起来"土里土气"，人也比较木讷，不过干活很实在，安排给他的工作他都能很好地完成。于是同事们经常将一些自己不愿意做的活交给他，他也来者不拒。久而久之，众人在背后都说他傻，不懂得为自己争取利益。当然，老板也发现他勤快好用，就让他帮忙做很多事情，他也不介意，甚至经常为了别人的工作加班到深夜。

再后来老板要开分公司，直接提拔了那位新员工。一些老员工们纷纷表示不服，老板给出的答案是：他不怕吃亏，公司需要的就是这样的人。

或许有人开始说了："你看，这个人就是因为保持平常心，不计较得失，不去和同事争利益，所以才得到晋升。我们就是要这样才能获得进步。"

Part 2
通天之路，也要从脚下开始

这真是以偏概全。

细细分析，这个员工真的是傻，不懂争取吗？如果你这样想，傻的就是你了。事实上，此人深谙平常心的真正内涵。他清楚自己多做的每一件事情，均在为自己未来的成功铺路，或许短期内会比别人辛苦，不过从长期来看，于自己而言却是一件好事。

这就是聪明人的平常心，也是聪明人的争法。

正所谓"物竞天择，适者生存"，世界的本质本身就是竞争。猩猩和人类的基因仅差1%，可就是这1%的区别决定了两个完全不同的物种。瓦特没有发明蒸汽机，只是改良了蒸汽机，可就是这改良后的蒸汽机对人类进入工业时代功不可没。正是这些差之毫厘的事情，决定了二者之间的天壤之别。如果我们放松自己，不去争这毫厘之间，我们就永远也无法到达真正想要的状态。

聪明人正是明白这一道理，于是不断自我精进，从来不放松对自己的要求。

但是你要和一切人、一切事去争吗？

来看看随便争抢的后果吧：

武昌火车站旁的砍人事件，其根源不过是一个炸酱面馆老板与客人之争，双方争的还是一块钱的差距。最终的结果就是惨烈事件的发生。所以，不必为一些无聊的小事和一些无知之人相争。

那么我们到底应该如何去争？

日本的小野二郎被誉为"寿司之神"，他做的寿司声名远扬。为了保证食材的鲜美，这位老人一直到70岁心脏病发作之前，都亲自骑自行车去市场进货；为了使章鱼口感柔软，不像其他饭店里的吃起来似橡胶，在制作过程中，他给章鱼按摩至少40分钟；米饭的温度在等同于人体温度时弹性最好，他就用蒲扇给米饭扇风降温……

小野二郎曾说："我一直重复同样的事情以求精进，我总是向往能够有所进步，我会继续向上，努力达到巅峰，但没有人知道巅峰在哪里。"

这句话道出了他获得了世人的尊重和敬仰，赢得精彩人生的原因，那就是他那不断超越自己、死磕自己的精神。

这是真正的争。

所以，**成功者并非不争，只不过，他们不是和别人争，而是和自己争。**

Part 2
通天之路，也要从脚下开始

在追求人生价值实现的路上，有的人锱铢必较，睚眦必报，视所有的同行者为敌人，但凡触及自己的利益，一戳就跳，不争赢誓不罢休，甚至有时不惜伤人伤己。

小野二郎们则不然。他们视对手如自己，以平常心全身心地投入事业之中，不断死磕自己，自己与自己争，于竞争中不断进步。他们虽然争的是方寸之间，却在这个不断探索的过程中默默甩开众多对手，最终见到广阔的天地，实现了自身的价值。

我们应该将目光聚焦到自己身上，而非他人身上，不必亦步亦趋抑或步步紧逼对手，而是和自己竞争，让今天的自己和昨天的自己争，以求不断获得进步的动力。

聪明的人，总能在向优秀的前辈学习的同时，勇于争得每一天的进步，用平常心看待疼痛与压力，不断挑战自己的职业边界，最终实现自己人生的精彩。

◆ 厉害是攒出来的

创业，从做一个优秀的职场人开始

有个美妆博主工作十分努力，但是收入不高，很多朋友就劝她说：你做这个收入又不高，还那么辛苦，干吗不换一个？或者去找个工作上班呢？朋友也为她提供了较好的工作机会，但是她说自己不去上班是要保持这种创业的状态。淘宝直播上一些女主播一年能做到几十亿收入，她要朝着她们的方向努力，认为自己只要坚持，就一定能成功。

但是，她坚持了很长时间后，直播仍然没有丝毫起色。直到发小来北京找她，提醒她说：明年经济形势可能不好，你要考虑一下，淘宝直播也许会越来越难做。发小这样说，她才开始审视自己的坚持是否正确。也正是在这个时候，她找到了我交流。

她承认自己是一个特别固执的人，也表示自己非常努力。但我能明显感觉到她的语气已经没那么坚定："我就是要让自己保持一种创业的状态。我觉得上班一定舒服很多，但我就是要让自己

Part 2
通天之路，也要从脚下开始

不舒服，而且我相信美妆这个方向一定OK。"

我告诉她："首先我认同美妆的前景非常广阔，但你的朋友们说得也没错。从经济形势来看，淘宝直播明年可能不会很好。方向对了，你也要看阶段，战略上保持坚定，但战术上，要有一定的灵活性。经济形势不好，大家就不愿意花钱买太贵的东西，观察消费趋势，你会发现用户越来越讲究高性价比。如果坚持做主播，你可以考虑调整一下定位，也许就不会受到太大的冲击。比如，你可以尝试在淘宝上为大家提供一些既经济又实用的美妆用品。"

我的回答让她获得了一些宽慰。她说："好像很对啊，我以前从来没考虑过这个问题。"

她认为我的话有道理，恰恰说明她过去只想到"美妆"这个方向有空间，却没有真正考虑过做事的策略，更没有意识到一个职业化的公司锻炼对自己职业生涯有什么意义。

我想告诉大家，千万不要认为做职业人就一定比创业更轻松。我对这位朋友说："如果创业之前，你经历过职业化的工作磨炼，可以让你更好地分清职业边界。一个典型的例子是，毫无职业经验的创业者容易把工作和生活关系搅和在一起。如果你有过一些

◆ 厉害是攒出来的

成熟的职业经历，就会把两者平衡得更好。上班过程中你可以学到很多东西，一旦走上创业这条路，就很难有机会去学了。创业从什么时候开始都不晚。如果你确定了某个方向，从战术角度讲，你需要评估开始的时机是否合适。"

职业生涯还可以给我们带来什么？**除了更好地理清人与人之间的边界，还能让我们学会管理，清楚如何确立商业模式，以及公司的价值观和制度流程建设的意义。**如果你真要创业，最后仍然要面对这些问题，可你没有任何职业经历，只能是临阵磨枪。

我有个朋友家里是开影楼的，她希望未来有一天能做一家自己的影楼，毕业之后，她潜伏到国内不错的连锁影楼机构学习，但她创业的心同样坚定。向高手学习之后，再走向创业的道路，成功概率会大大提高。我们个人发展学会职业精英研修班的总教官少毅也经常告诉学员：慢就是稳，稳就是快。

先当好一名士兵，你才更可能成为一名将军，打好基础，潜心沉淀，等待时机，大多创业者都是十年磨一剑后的锋芒毕露。

Part 3

别急，在自己喜欢的领域里做到1%

◆ 厉害是攒出来的

向内探寻，让自己免陷情绪内耗

小李发现小张最近心情不好，便主动关心她，小张却没好气地说："我心情不好，没事别搭理我。"

小李奇怪地问："这是怎么了呀，有什么不开心的事情说出来嘛。"

小张没精打采地说："上个月领导让我做一个项目，他的方向根本不对，但我还是硬着头皮做了，配合的同事也不给力，一个劲儿拖，一个月过去了，什么进展都没有，我都快烦死了。"

小李一听，不由得叹气说："这我可就要批评你了，你应该一开始就把自己的想法和领导说清楚，和同事配合时更应该多做沟通，规避可能的问题才对。现在你在这里生闷气有什么用，只是浪费时间。"

小张遇到的这种情况，相信我们不少人都曾遇到过：领导安排你去做一件事情的时候，你可能并不认同领导的安排和做法，

Part 3
别急，在自己喜欢的领域里做到 1%

但因为是领导安排的，所以即使自己心里有情绪，还是会去执行。

日积月累下来，你认为自己已经对领导足够包容，但是领导却一点都不理解你。结果，你的情绪变成了抱怨，形成恶性循环。

这种情况非常普遍，事情的本质并非是你包容领导那么简单，实际上它折射的是一个职业人对"职业性"的认知问题，一个工作态度的问题。当领导把一件事情安排给你的时候，你可能忘记了事情的边界，错将人情和问题混为一谈，在应有的职业态度和人情世故之间画上了等号。

虽然你按照领导的方式做了，可是在执行过程中，由于心里积压了一堆情绪，于是你不断地把自己的聚焦点放在领导的不妥当与不合理之上，希望通过自以为的事实来证明领导是错的，以此宽慰自己的无辜与无奈。

但你却忘了积极地提出问题，于是当领导对你的工作表示不满意时，你理所当然地认为自己已经很好地包容了领导，可领导却没有理由去领你的这个情。

这种情况导致的后果就是，太多人在工作中陷入了情绪内耗。

那么，这一问题的本质是什么呢？**是没有把人情和工作分开。**

面对这种问题,首先,我们要**明确与领导的关系是领导与被领导的关系**。在此过程中,他是决策者,你是执行者,在领导发出决策指令的时候,如果你不认同,就应该想办法提出自己的建议,从批判走向建设,而不是回避建设,只是在自我的内心批判。

其次,你要清楚,作为一个执行者,当你对领导的做法感到不理解、不了解、不认同时,你有义务**对领导提示风险,说出自己的疑问,表达自己的立场。这是执行者的第一要务**。而能以妥帖的方式提出问题,本身就是一种职业化的表现。

在执行的过程中,领导的决策有时候是对的,有时候是错的,其实对错都没有什么问题,因为你在问题的一开始就完成了自己应尽的责任和义务,执行过程中就不应该带有太多不情愿的成分,而是要踏实做事,以积极的态度,保质保量地严格执行,这是执行者职业性的重要表现。

你要清楚,领导不是神,他也有犯错的可能,但他同时具有自我修复的能力,而事前提示风险事后给出建议是你不可推卸的责任。

第三,**聪明的职业人永远想的是解决问题,远离坏情绪就是远离不必要的自我消耗**。你不能够把一件本身是执行的事情,上

> Part 3
> 别急，在自己喜欢的领域里做到1%

升到自己是在包容领导的层面上。你认为自己是在包容领导，但实际上是你的执行态度出了问题。

而执行过程中一旦出现了情绪问题，就极易被其他人感知，进而被放大，最终不但影响到执行的结果，而且会无形中在组织里传递一种负面能量。

好的员工做任何事情都有积极的态度，在自己的职责范围内，尽到自己应尽的义务。面对分歧时，勇于提出自己对这件事情的看法，确认之后，无条件地去执行，并且在组织当中传递高效执行的作风、扩散正面能量。

此外，上述问题也会出现在同事关系之间。

我们经常感到自己身边的同事不给力，比如你安排一件事情，已经告诉同事何时交付你。尤其是跨部门协作的同事，似乎总是不能按时完成，这种情况让你很头疼，难免会与对方发生冲突。

这时你需要思考，为什么会出现这种冲突呢？

事实上，**职场冲突的本质，多数是因为你把对方想象成了一个坏人，认为对方在刻意刁难你：你已经把这件事情做了有罪推论**。心理学上有一个"证实容易证伪难"的观点，意即你已经认定对方不守时、刁难你，那么你就可以为自己找到很多线索来证明自己的观点,进而越看越觉得对方是在针对你。在工作当中,你已经把别人想得坏了,那自然就是越想越坏。但是换一个角度讲,你把对方想象成一个好人,你就越看他越像好人。

所以我们经常在说,**要把人想得好一些,才能更积极地推动事情的解决,推动组织的正向发展**,这就是职业人必须具备的"推动力"。

冲突在任何时候一定都会存在,它往往是暴露问题和解决过往所忽略问题的契机。

人都有犯错的时候。对方没有按约定的时间交付任务,也许是事情背后存在着难以克服的原因。存在即合理,聪明人往往习惯于把问题的出现当作是解决问题的契机。比如流程是否有漏洞,沟通方式是否有问题,排除所有可能性,才可能真的是对方的问题。

当然,即便对方对你的态度确实有问题,你也要首先思考为什么对方对你会有态度问题?怎样才能减少对方对你的成见?这就是向内探寻。最后,愿每一个你我都能远离坏情绪,从批判走向建设,别让自我内耗偷走了你的时间和精力。

Part 3
别急,在自己喜欢的领域里做到1%

引导和利用正向情绪,做高情商的人

何为高情商?心理学认为,高情商就是一个人具有较高的EQ值,在现实中能尊重所有人的人权和人格尊严,不将自己的价值观强加于他人,对自己有清醒的认识,能承受压力,自信而不自满。一般人则认为,高情商就是指一个人会来事儿,八面玲珑,圆滑世故,能做到让大家都体面,不让别人尴尬。

在这里,我给大家讲一个与情商有关的段子。一个员工把公司的玻璃门撞碎了,老板恰好经过,听到员工惨叫一声,于是出现了下面的对话:

老板:"哎呀,小丽,怎么了?受伤了吗?"

员工:"没事,就是胳膊流血了。"

老板:"我打电话叫救护车,赶紧去医院。"

员工:"哦,老板真对不起,刚才真的没看见那块玻璃。"

老板:"哎呀,没事,没事,你也不是故意的。张总,赶紧帮

◆ 厉害是攒出来的

小丽简单包扎一下。"

小张:"哎,好的!老板,我来吧!"

接下来,老板转过身去,给刚才这位负责人力资源的张总发了条信息:"维修玻璃的费用,不能公司报销啊,要她赔,你把这件事处理好。"

这可难坏张总了,他把脑袋都快想破了,最后想了一个奇招。到了医院,张总对受伤的小丽说:"哎,小丽,你和老板是不是有亲戚关系啊?"

小丽:"啊?"

张总:"你看刚才,老板对你嘘寒问暖,而且还特地跟我交代,只要你赔一块最便宜的玻璃就行了。"

看到这里,你的第一反应肯定是,这个老板也太腹黑了,烂摊子让别人来收拾,坏人都让别人当,好人都让他做了。

相信许多人都曾有过类似的经历:上司为了维护场面,答应了客户某个不合理的要求,最后要你去拒绝客户,这种事交给谁,谁都不愿意做。

但故事中的张总,就很好地处理了这种让人进退两难的事。经过他的处理,老板和员工都觉得体面,双方都感到舒服。

那么，我们在以后的生活中是否要一味地让别人感到舒服呢？答案当然是否定的。

对低情商的人来说，他们宁愿让别人不舒服，也不会委屈自己；于高情商的人，他们**既能够让别人舒服，也不会委屈自己**。不过，不惜牺牲自己的利益和原则，一味地让别人舒服，很容易成为讨好型人格，会活得太累。

其实真正高情商的人并非圆滑世故的人，他们从来不是为了获得利益而左右逢源，也不是为了在行走情场、职场、官场时滴水不漏，而是在他们的眼里、心里时刻装着他人，把事情考虑得很周到，让所有人都体面。

所以说，真诚与否，是区分圆滑还是周到的标准之一。

或许对大多数人而言，让所有人都体面是一件很困难的事情，但是还是有方法可循的。下面我们就来聊一聊到底如何做才能让所有人都体面，才能让别人与你相处很舒服。

第一，**看破不说破，是一种修养**。

朋友跟你满心欢喜地分享一个你之前早就听过的老旧段子，你是直接说穿，还是装作没听过一样哈哈大笑呢？同事追求潮流

◆ 厉害是攒出来的

却又因手头拮据买了高仿包，你是直接说出来，还是维护她的自尊呢？

最近我经常看马东的《奇葩说》，他在节目中提到，他的妈妈买了一个包，号称是欧洲皇室定做，原价19800，活动价930元，老太太一心动就买了。随后如同捡了大便宜似的向马东炫耀。

马东的本能反应是：我妈疯了吗？不过他知道，自从父亲走后，母亲一个人确实太孤单了，虽说和自己住在一起，但他一周才能陪母亲吃一顿饭。直接向母亲说出真相，实在不忍心，所以他就说："真漂亮，您眼光真好。"

实际上，我们在平时会遇到很多类似的小事。倘若我们都能如马东这样，做到不带目的地"圆滑"，不是更好吗？

当我们在生活中遇到以上类似的情况时，一个真正成熟善良的人，并不是直接说穿，而是会尽量克制自己的小聪明和表现欲，看破不说破，知世故而不乱显摆，进而让周围的人都体面。

第二，能在无形中化解的尴尬，就别摆到台面上。

办公室里有个90后女孩悦悦，她提到在大学时班级里评选助

Part 3
别急，在自己喜欢的领域里做到1%

学金，她们班的班委在讨论中一致认为，应该跳过公开演讲的环节，因为大家都知道生活贫困的窘迫和无力感。让一个学生在那么多自己的同学面前，讲明自己的困境，不亚于要别人把自己的伤口撕开了给大家看，并且要求伤口撕得越血淋淋越好，因为如果不够惨烈你就不能评上助学金。这对一个正值青春期、敏感又自尊的少年来说，实在是太大的伤害。

所以悦悦一直都觉得，她们的班级比别的班级要团结友爱。

事实上，悦悦的话很有道理，做人要善良，最重要的一点就是不要让别人尴尬。

在某些场合，努力保有他人的一份自尊，一份隐私，其实就是一种善良。

第三，眼里、心里时刻装着他人，才是真正的高情商。

高情商的人，心里时刻都装着他人。还记得李嘉诚请客吃饭的故事吗？

70多岁的李嘉诚，会在电梯边等着大家和大家握手，然后发名片，同时也递给大家一个盘子来抓阄。盘子里有号，这个号决定你吃饭的时候坐哪桌，避免大家到时候为座次心里有想法；照相时也根据座位号来安排站位。

他在每一个细节上都花费自己宝贵的时间、精力，为大家考虑周到，让每个人都体面，这样的人一路走来能一直获得别人的认可和支持，确实一点都不奇怪。

其实眼里、心里装着他人这样的举动，涉及一个心理学概念叫"共情"，但共情并非怜悯，也并非同情，而是一种能敏锐察觉他人的情绪、能感同身受的能力。

作为一种能力，共情是可以通过后天练习获得的。比如我们平时就可以练习换位思考，学着感知别人的情绪。

有了共情的能力，我们就可以追求一种人际相处中更舒服的一种状态，即共有应答。

比如，你在看 NBA 的时候，你希望自己的女朋友也喜欢上篮球比赛，两个人一起看球赛，感觉会更加开心。不过，你是否尝试过喜欢上女朋友喜欢做的事情呢？比如逛街。你可以先去试着感受一下她逛街的乐趣所在，找出她的愉悦点。在深切地了解了对方的想法后，你要在适合的时机陪她做她喜欢的事情，让她感觉到你也喜欢做她喜欢的事情。

不仅男女朋友之间的相处，其实和同事之间的相处也是一样的，只是我们习惯性地认为前者比后者更值得重视而已。

想必有朋友会说："在我自己状态好的时候，或者事后冷静下来的时候，我都知道怎么做。但焦头烂额时，就是难以自控，怎么办？"

从心理学的角度来说，情绪就是感觉，它不但可以影响我们的生理和心理，也可以直接影响我们的思想和行为。情绪可以由呼吸、心跳或者内分泌变化引起，比如心跳加快会容易兴奋，女孩子在生理期脾气会变得暴躁；也可能是认知与事实有了落差的结果，比如，考试没考好的时候，内心会难过沮丧。

由此我们可以清楚一点，情绪和情绪引发的行为是两回事。比如，愤怒和发脾气是截然不同的事情。前者是一种情绪，而后者则是前者引发的行为。所以，情绪无好坏，然而情绪引发的行为却有好坏之分，比如，两个人吵架，都很愤怒，但一个人转身走掉了，一个人气不过，追上去杀死了对方。后面这个人的行为就是违法的、恶劣的行为。

当我们理解了这一点，那么就具备了情绪管理的重要前提。接下来，我们就需要采用下面两种方法来让自己做到管理好情绪，引导和利用正向情绪。

一是多通过练习感知自己的情绪，掌控情绪的开关，学会适时按下暂停键。

只要你感受到有情绪时，哪怕是再小的情绪，你也要学会抽离，让自己静一静。这样练习多了，就会慢慢提高自己的情绪掌控力。

二是学会引导和利用正向情绪。

情绪有正向和负向之分，而正向情绪的类型也包括许多，如喜悦，乐观，自信，热情等，每一种都能给人以力量，帮助我们实现自己的梦想。当然，人与人不同，对情绪的理解也不同，或许你并不曾意识到积极的情绪能够带给你怎样的影响。

你要记住，越是快乐，就越能体验到灵感、富足、爽朗和宽容，就越想做个更好的人并帮助他人。因此，千万不要低估喜悦的力量和重要性。

还有一些人认为，正向的情绪会让人放松，过于平和是没有激情的表现。他们更相信"压力就是动力"或者"危机才是良机"。实际上，倘若他们能够专注于正向情绪时就会发现，当心中没有焦虑，精力会更充沛，也更有灵感。

Part 3
别急,在自己喜欢的领域里做到1%

　　体验负面情绪会耗尽你的能量,使你变得更沮丧,正向的感觉则让你充满热忱和创意。一个人要善于引导和利用正向情绪,如此才能成为高情商的人。

◆ 厉害是攒出来的

从恐惧到拥抱,3招应对不可预知的未来

17世纪以前的欧洲人从没见过黑天鹅,认为所有的天鹅都是白色的,所以,他们将"黑天鹅"作为一个成语,用来形容那些不可能存在的事物。后来,人们在澳大利亚发现了黑天鹅,于是原本"不可能"的信念动摇了。

所以,"黑天鹅"这一概念的含义,就由原来的"不可能事件",变成了今天的小概率意外事件,这种事件常常会带来意料之外的重大影响。

再后来,塔勒布写了一本名叫《黑天鹅》的书,这本书的副标题是"如何应对不可预知的未来"。

那么,生活在当下的我们应该如何应对不可预知的未来呢?应对不可预知的未来需要我们抓住根本性,保持灵活和警觉。

第一点:面对不可预知的未来,你选择回避,还是转型?

Part 3
别急,在自己喜欢的领域里做到1%

关于这个问题,不妨听一个小故事。

2010年前后,磨铁图书和B公司是当时中国图书出版市场上最有特点的两家图书出版公司。前者曾出版过《明朝那些事儿》,后者也曾出版过同一量级的畅销书。当时两个公司都处于增长中,B公司因其风格更稳健,单品平均销量也比磨铁要好,所以发展略领先一些。

而2010年前后又恰是电子书兴起的时候,出版业正面临着一个不可预知的未来。所有出版人都担心电子书做大会导致纸质书的无人问津。对于这个不可预知的未来,摆在大家面前的一个很自然的问题就是:还要不要继续做出版?

面对这个问题,B公司选择将自己卖给了国有出版集团,估值几个亿,卖了大比例的股份,从某种程度上来说,规避了风险。就这样,借助资本运作,B公司的创始人们似乎把这个不可预知的未来回避掉了。相反,磨铁图书做了不同的选择——转型。

第二点:回归根本,才能更好地面向未来。

与B公司相反,磨铁的创始人沈浩波先生面对这个不可预知的未来,选择退回起点,将自己清零,思考自己当初创办磨铁的

◆ 厉害是攒出来的

原动力。

　　本质上而言，沈浩波首先是一个诗人，其次才算得上一个商人，直到如今，他还坚持着诗歌创作。最初，他选择做出版，无论是偶然中的必然，还是必然中的偶然，均是有感于很多优秀的作者和作品被埋没，想做好价值发掘和价值传播的工作。心怀这一初心，他觉得电子书的发展，与公司的目标完全不相矛盾，反而增加了媒介种类，扩大了内容传播的通路。因为纸质书和电子书各有其特点和优势，不存在谁消灭谁的问题，更多的应该是相辅相成。

　　后来在谈到重新认知图书出版行业这一话题时，沈总和我认为："从根本上讲，不是我们非要做纸质书，而是当年如果要发掘价值，传播价值，图书出版是最好、最直接的途径。我们的根基在于内容，而不是形式，那么出现了新的传播形式，对我们是有好处的，没理由不去拥抱它。"于是基于好的故事好的内容，磨铁公司开始转型，从出版、网络文学，再到影视，如今已经成为一家进行全媒体IP开发与打造的文化娱乐传媒集团。不过，磨铁图书"价值发掘和价值传播"的根本不曾改变，因为"守住这两点，就可以判断不可预知的未来是否对自己有利"。

　　2017年，转型之后的磨铁估值45个亿，年均增长率也非常高。

磨铁公司转型的成功，离不开对根本性的把握。面对不确定的未来，磨铁当时的领导层没有惊慌，因为我们知道，只有回到根本，才能更好地把握未来。

第三点：**除了根本性，还要有灵活性。**

当然，只把握住根本性还是不够的，还要注意灵活性。

塔布勒在谈到黑天鹅事件时，指出这一事件的三个特点分别是意外、极端影响和事后解释。

先来看意外。所谓意外，说明这类事件是不可预知的。这就要求我们对黑天鹅事件做抉择时，不能像对待普通事件一样，过度依靠外部情况做出判断，而是要回归自身，依靠对自身根本性目标的反思做出利害抉择。正如埃隆·马斯克所说："依靠第一性原理做判断。"

接着看黑天鹅事件的第二个特点，极端影响。解决它的时机是稍纵即逝的。这就要求我们必须迅速产生解决方案，不能套用常规的流程和方式。也就是说，要灵活而有决断。

2005年的时候，长沙举行书展，当时我还在湖南师范大学读书。那时，长沙是全国四大图书交易市场之一，我学的又是编辑

◆ 厉害是攒出来的

出版这个专业，于是就和几个同学商量着将书展结束后书商带不走的书便宜收购回来，拿回学校倒卖。通俗地说，我们就是想摆地摊。不过，我却和书商大谈校园网络直销，告诉他们，和我合作，别看现在业务量很小，但有助于他们出版的书进入大学校园。

书商都是老江湖，自然清楚我的小九九。很多书商都不愿意理我。不过在这过程中，我却引起了其中一个北京书商的兴趣。他说："我对你说的校园渠道代理不感兴趣，但我对你这个人感兴趣。我觉得你很机灵，以后毕业后想实习可以来北京找我！"他把书卖给了我，还给我发了一张名片。

我大四毕业前，开始找实习。我首先考虑了自身的根本性目标，认为自己的性格并不适合进入传统国有出版社。那时民营出版刚兴起，我想进入这种灵活自由的公司发展。

接下来，我迅速做出了决定。我打了名片上的电话，联系上了那位把名片发给我的书商。就这样，我来到了北京。

如今提到大学生去北京找实习机会，可谓司空见惯。不过在十年前，那可是一件大事。当时社会治安还比较乱，一个初出茅庐的年轻人，还没毕业就跑到人生地不熟的地方来投靠陌生人，总让人感到有那么点不靠谱。比如我们班的同学大都选择在长沙

Part 3
别急，在自己喜欢的领域里做到1%

实习和工作，在北京的同学也就那么三四个，其中有两个还是受我的"蛊惑"来的。

我孤身一人勇闯北京后，发现公司在一个三室一厅的套间里，连正规的办公室都没有，心中非常忐忑。不过因为内心里更愿意选择自由，我还是留了下来。我至今还清楚地记得，老板见到我之后，对我说："我就给了你一张名片，没想到你还真敢来啊！"

这个给我发名片的人，就是甄煜飞，中国最早挖掘军事小说的领军人物。也就是在他的公司工作的那段时间，我参与了公司与很多优秀军文作者的合作，公司出版的作品包括《士兵突击》《兵王》《我是特种兵》《终身制职业》《狼牙》等。

我很幸运，及时赶上了那波转型期的红利。初入出版行业，我就得到了行业顶尖人才的引导，学到了很多在当时传统国有出版社不可能学到的东西。

26岁那年，我加入磨铁图书，做了不到三个月的总裁助理后就接手磨铁的第二编辑中心。毫不夸张地说，当时我是行业里最年轻的总经理。这很大程度上得益于我前一阶段的学习和积累，让我能够领先一步。而当年带我入行的老板甄煜飞甄总则被陈天桥相中，成为当年红极一时的盛大旗下出版公司聚石文华的CEO。

试想，倘若当时我不曾把握那一次机会，极可能不会一开始就站在一个很高的起点上，也就不能跟着绝顶高手贴身学习。或许我会在长沙，被迫选择一份做编辑的工作，更不可能站在风口浪尖，见证内容行业发展的全过程。

所以，面对不可预知的未来，你慢一步，错过的可能就是一生。

第四点：不要以为黑天鹅事件很少，与你无关——你必须警觉！

黑天鹅事件的第三个特点是事后解释，意即我们总是会对一些事前无法解释的事情进行事后解释，以此低估那些不可预估的事件的发生概率。可是事实上，小概率事件在大规模地发生，而且在如今这个迅速变化的时代，小概率事件会发生得越来越多。

甚至有时候，黑天鹅事件尽管不曾发生在你的身上，仍然会对你产生巨大的影响。

诺基亚倒闭的时候，诺基亚手机CEO说："我们没有做错什么。"没错，诺基亚是没有做错什么，但是乔布斯做对了。

很多时候，事情就是如此。世界是一个整体，你与别人互相关联。你是没做错什么，只要别人做对了而你什么都没做，这就足够致命了。

其他地点发生的黑天鹅会飞到你这里来，而如果你没有准备，就只能坐以待毙。

第五点：**警觉性、根本性和灵活性，是应对黑天鹅必备的三大要诀。**

冯仑在《野蛮生长》中说：好的公司不是机器，而应该是一个有机体。稻盛和夫的阿米巴模式要求，公司内部要形成大量独立的小组织。在我看来，这两句话用在个人身上同样适用，意思是：

第一，个人的成功是由内部根本性目标驱动，而非由外部流程推动；第二，鸡蛋不要放在一个篮子里，灵活运作，以规避风险。

可以说，这两句话正是应对黑天鹅事件的良方。前者说的是根本性，即用自身的根本性目标为依据，而不依赖外界做利害抉择；后者说的是灵活性，即依据根本性做出抉择后，不要犹豫，灵活而有决断地付诸执行。在以上二者的基础上，再辅以适当的警觉，你就可以应对不可预知的未来，从黑天鹅中获利，而非成为不确定性的牺牲品。

切记：立足根本性，保持灵活和警觉，如此方能于不可预知的未来中获得成长！

◆ 厉害是攒出来的

人生哪有来不及,不过是你太着急

35岁,月薪4500,还背着房贷和车贷,老婆没工作在家带孩子,现在孩子才一岁多,所有经济压力都在自己一个人身上。

每当他想到自己下半辈子只能这么悲惨地过下去的时候,就会感到无比痛苦,但他同样非常无奈。于是,他找到我们,想问问他的人生还有没有别的可能,以后能不能过得好一些。

在回答他的问题之前,我先给大家讲一个小故事。

有位老人家叫姜淑梅,60岁时,她开始认字,识字以后,她看了莫言的几部小说,看完她心里就不服了。她说:"我们都是山东老乡,这样的小说我也能写。"她女儿就对她说:"那你写吧。"于是,这位老人家就真的在75岁时开始写作。今年,她81岁,已经出版了4部小说,不仅引起了文学界的震动,还拿了很多奖。

"罗胖"在他的跨年演讲中推荐了一本新书——《百岁人生》,他讲到这样一个观点,像姜淑梅老人这样的生活,在未来将是我

Part 3
别急,在自己喜欢的领域里做到1%

们人生的常态。60岁时,上个大学;70岁,自己出来创业;80岁,新学一门手艺,这一切都将不再稀奇,这是我们这一代人必然经历的过程。

很多人都有这样的感慨,认为自己一辈子就这样了,再做什么努力也来不及了。有句古训叫"男怕入错行,女怕嫁错郎",因此才有那么多人在意自己的第一份工作。因为不能错,错了,一辈子就完了。很多人在职场上那么谨小慎微,恐惧彷徨,就是因为怕犯错。即使自己非常痛苦,也没有勇气修正重来。

但是,如果我们把这个困境放在100年的生命周期里,用新的方式解读,情况就完全不同了,拉长时间轴,你会发现,过去这些想法有多么可笑、荒谬。

试想,如果你在60岁的时候开始学习小提琴或钢琴,那么到100岁的时候,你就有40年弹钢琴或者拉小提琴的经验了。

吴胜明是一个传奇人物,她自称是"没有时间老去的人",从囚犯到富豪,从企业家到慈善家,即使用"传奇"两个字也不足以形容她跌宕起伏的人生。30年代,她出生在一个富豪家庭,12

◆ 厉害是攒出来的

岁时,家里人为她定了一门亲事,17岁时,因为不喜欢父母的包办婚姻,她离家出走去做了小保姆。后来她开始经商,结婚12年小产4次后,42岁生下了自己唯一的女儿。改革开放后,50岁的她7年经商累积上千万资产。有了钱的她,生活奢华,80年代,她为女儿过10岁生日就花了20万。但是1985年,她因为走私被判死缓,后来减刑到无期。她入狱后不久,丈夫就提出了离婚,16岁的女儿在绝望等待中自杀。两年后,吴胜明在狱中看到女儿的绝笔信,信中写道:"在我眼中,您是有本事的,假如您有一天能出来,万万不要再想着赚什么钱,尽量去做点儿对社会有益的事情吧。您可以收留那些寄人篱下的、无家可归的孩子或者老人,假如您不答应,我是不会瞑目的。"

2003年,71岁的她减刑出狱。她无家可归,靠扫公厕为生,一个月400元的工资,租住在一个18平方米的房子里。74岁,她再次创业,几年之后,她的事业越做越大,80岁时,她身家过亿,为了完成女儿的遗愿,她又创办了一家养老院,让数百位无儿无女的老人有了稳定的住所。

其实,无论发生过什么事情,我们都有机会从头开始。在这

Part 3
别急,在自己喜欢的领域里做到1%

个时代,由于科技的发展,社会的进步,每个人很有可能活过100岁;如果60岁才是人到中年,那么,我们依然可以开始精彩的下半场生活。只要我们还不到60岁,就都是年轻人,因为年轻,也就没有什么折腾不起。

吴胜明女士82岁的身体里藏着28岁的灵魂,姜淑梅60岁识字,70多岁出4本书,日本有位好奇心女孩,97岁还可以谈恋爱,每天笑容比阳光还灿烂。所以,年轻是一种心态,一切都还来得及。

成功在这个时代很简单,不要做追赶风口的猪,**你只要坚持做一件有价值的事,就可以活得丰盛圆满。**

Part 4

新经济时代下的 4 大关键认识，是你实现愿景的台阶

◆ 厉害是攒出来的

善用场景力,新时代成功的关键一招

不知大家是否听过"场景革命"一词?

场景革命,听上去似乎让人觉得有些摸不着头脑。究竟何为场景?其革命性体现在哪里?我们又该如何应对?

几年以前,《罗辑思维》刚刚火起来不久。当时的互联网业态和现在还有很大不同。那时,《罗辑思维》的作者罗振宇要做一件事:卖书。

于是他找到了我们个人发展学会《职场解忧杂货铺》节目的主讲人竹笛老师所在的团队,请他们帮助搞定版权,进行策划和设计,然后出版。

卖书这件事本身并不奇怪。但这个卖法很有意思,他卖书,而且是一次性卖6本书的一个图书包,定价499元,这在当时,网上支付已算大额,而且他竟然没有公布这些书的书名,只是在某一天早晨6:30,"罗胖"在《罗辑思维》的微信公众号里发了

Part 4
新经济时代下的4大关键认识，是你实现愿景的台阶

一条语音，说他要卖一个图书包，里面有6本书，限量8000套，就这么简单。

这件事现在看起来已经没那么新奇了，但在当时可谓非常冒险，因为这完全是基于对罗振宇魅力人格信任的售卖。书是已出版过的作品，《罗辑思维》团队只是把它们筛选出来，和竹笛老师的团队一起进行重新包装设计，做成专有渠道的定制版。购买者也清楚这一点。不过他们仍然愿意高价购买。这是一个标志性事件。书设计得非常不错，但问题是购买前没人知道，更没人见过。与其说卖的是书，不如说卖的是人设，是历史标志性事件的参与感。

那天上午8点刚过，8000套书就已经售罄，还有好多人抱怨起晚了没有抢到。按照传统逻辑，所有稀缺的东西都会产生套利的空间。简单点说，我们一般认为如果一个东西供不应求，就有提价的空间，低买高卖，转手就可以挣钱。这和春运的时候常常出现黄牛票是一个道理。

这一次也不例外。很多人看到了风险，但也有人看到了商机。我的一个朋友一次性买了十几套，"罗辑思维"官方一宣布售罄，他就把囤下来的书放在自己的淘宝店上去转卖。

他认为，这次基于魅力人格的产品营销虽然看上去很不靠谱，

但一定会成功。这位朋友早上7点钟做了这个判断，仅仅一个小时之后，他的判断就被验证了。这点钱对他来说不重要，但他认为自己看到了时代的趋势，他听说我之前和"罗胖"有过合作，还得意地给我打来电话，声称自己是个识货、有远见的人。

不过，这个故事的结局却很有意思，也很引人深思。

朋友的得意并没有持续多久，下午他就觉得有些不对，因为他店里一套书也没卖出去。不是店铺的问题，因为他的店的流量还是相当不错的。

这就涉及顾客群体的变化，正是场景变革的一个侧面，对于亚文化群体很重要的东西，对于另一个群体可能毫无价值。

这个朋友在《罗辑思维》的听友群里也认识不少人，他向他们做了推荐。即便如此，在《罗辑思维》后台被要求加印的留言刷爆了的情况下，他淘宝店里的那十几套书依然无人问津。到了第二天、第三天，情况还是这样。他把定价一降再降，从成本价的两倍逐渐降到成本价的二分之一，一周之后，这个热点都过去了，他的书还是一套也没卖出去。

坦白说，虽然我并不看好他转卖书的行为，但惨到这个地步，还是有些出乎我的意料。如前述，按照传统的经济思维，稀缺的

Part 4
新经济时代下的4大关键认识，是你实现愿景的台阶

商品会产生套利的空间。但是，在这个案例中，这种思维显然还是太简单了。我的朋友看到了"罗胖"人格化所带来的信任在营销中的潜力，这是他的成功之处，但是他没有看到的是，互联网时代中的成功营销不仅仅需要人格魅力，还需要特定的场景。

这套书是放在《罗辑思维》上卖，还是放在他的淘宝书店里卖，场景变了，也就导致了结果截然不同。

在一个场景中可以奏效的方法和产品，在另一个场景中可能变得毫无效果。

也就是从那个时候开始，我明确地感受到，在这个新时代，人们的消费行为中，一些根本性的东西开始发生变化：

第一点：**产品即场景。**

为什么这么说呢？以星巴克为例。作为一家著名的咖啡品牌，星巴克曾经面临的一个危机就是，很多顾客反映："没有了咖啡气味的星巴克，不再是真正的星巴克了。"

人们会在星巴克吃三明治和各种茶点，但是他们对于这个场景的体验依旧是：这是一个喝咖啡的地方，必须要弥漫着咖啡的气味。如果场景里没有这种味道，它就和一般的快餐店没有什么

区别了,那么我为什么还要去星巴克?

为此,星巴克曾启动了一个项目,投入几千万去研发餐点,目的并非提升餐点的口感,而是如何不让这些餐点散发出香气,因为这些香气会冲淡和掩盖店里咖啡的味道。

星巴克进行的相关研究,表面是投入在了食物上,但实际是投入在了场景建设上。因为他们知道,咖啡和食物都是可以替代的,而星巴克真正不可替代的品牌价值是这个场景本身,以及这一场景提供给顾客的心理感受。

Brunch和下午茶品牌的兴起同样是典型案例。

在一线城市中,brunch和下午茶火了。brunch就是早午餐,在上午九十点钟的时候,提供精致的茶点,和下午两三点钟提供的下午茶很相似。主打brunch和下午茶的店,常常比普通的饭店更注重采光,室内的装潢环境也很好,让人感到温馨闲适。它的餐点价格与其成本相比非常昂贵,比一般饭店要贵得多。一个做成动物形状的小小糕点可以卖到上百块。这是用来吃的吗?不是。这是用来观赏的,是用来给顾客拍照分享的。

尽管名义上它还是一家餐饮店,但本质上它是一个展现生活方式的场景。一个人在九十点钟或两三点钟走进这样一家店,点一份看上去就很精致也很昂贵的糕点，然后拍张照把它分享出去。这表明什么？这表明他是一个有钱有闲还有情调的人，一个脱离了生活挣扎的人，一个有身份地位的人。他不需要过多的说明，不需要显得太刻意，一张照片就足以说明这些含义。

在此，食物已经不是这些店真正的产品了，真正的产品是场景本身，食物本身只是场景的一部分。

第二点：分享即获取。

2014年，800万好友的自发分享成就了微信红包。数据显示，新年期间被领取的红包数量超过4000万个，数百万用户为此绑定了银行卡。

从此，红包成为互联网企业的经典战术。我随便一提大家都能想到很多例子，滴滴与快的，京东和淘宝，猫眼电影当当和亚马逊……诸如此类，不胜枚举。现在就连三四线城市的普通小饭店都开始经营自己的微信群，时不时地用"分享换红包"的策略吸引一下自己的顾客。

表面上看，企业为此投入了大量的资金，但是从效果上看，它为企业节省了大量的广告投入，效果还好得多。从营销意义上来讲，用户分享近似于广告众包的推广手段，目的是提高知名度，获取顾客。

由此可见，分享即获取，是更适合新时代的获取方式。而既然是获取，就需要有共赢，只有为用户的社交关系链创造价值，才能让用户有持续分享的动力。这和之前讲到的brunch店的道理是相通的，只有给用户的分享带来价值，才能有更好的、更长远的发展。

肯尼迪曾说："不要问国家为你做了什么，而要问你为国家做了什么。"把"国家"换成"用户"也相当合适。

第三点：**跨界即连接**。

吴声先生在其著作《场景革命》中举了一个很好的例子，这个例子和奢侈品有关。

我们会发现，不管是范思哲、LV（路易威登）还是爱马仕，这些一线奢侈品品牌往往都会涉足酒店行业。从时装设计的角度来看，酒店是一个风马牛不相及的领域，那么为什么他们不约而同都做出了相似的跨界选择呢？比如LV不仅做酒店，还跨界涉足了家具领域，与办公家具制造商Herman Miller（赫曼米勒）

Part 4
新经济时代下的4大关键认识，是你实现愿景的台阶

联手打造LV家具产品。

其实背后的逻辑在于，这些品牌不只把自己的产品视为服装箱包，而是定位为一种生活方式，而酒店和家装业是最能全方位体现这种生活方式的领域。

通过跨界，品牌把自己的产品连接为一个生态。以"小米"为例，小米之家跨界很广，不仅是手机，还包括电视、机顶盒、路由器，以及各种智能家居产品。小米的路由器可以和其他品牌手机共同使用，但是当它和小米共同使用时，效果最好。整个生态都遵循着这样的逻辑，也因此，品牌提供了完整的场景解决方案。当品牌不再以单独的产品呈现，而是跨界组合为场景的时候，回到家，就是回到小米场景。用户的黏度和体验度都会大大提升。

不仅在新技术领域和奢侈品领域，其他领域也有这种场景化的现象存在。比如无印良品，你在家庭场景中需要的，"无印良品"都有对应的产品，它们有共同的设计风格，推崇同样的生活方式。用跨界形成场景，而场景可以使用户沉浸，这是最紧密的连接。

第四点：流行即流量。

正如很多影评人指出的，无论是《权力的游戏》，还是《来自

星星的你》，它们的流行都不只是一部剧的流行，而是一种亚文化的流行，用吴声先生的话来说，是"一个亚文化群体的认同与狂欢，是一个有着共同语言的群体的一次集体表达"。

其中的重点在于，一个品牌的价值等于"认知+认可"。而在这个场景革命的时代，两者往往互为关联。传统广告强调的知名度与美誉度之间可能会有较大不同，比如一些品牌很知名，但大家都不认可。在日益场景化的今天，得不到认可，也就很难有更广泛的认知。

场景作为一种被认可的生活方式，本身就可以成为产品，而且可以利用分享的力量与用户获得共赢。所以，找准自己的场景，注重场景的建设，通过场景的内容获取认同，为用户提供价值引导分享，才是新时代的成功之道！

Part 4
新经济时代下的4大关键认识，是你实现愿景的台阶

认知盈余，让他人免费帮你办事

影响力是一种独特的存在，它无时无刻不在影响着我们。从网红购物宣传引发某潮品的盛行，到某知名大咖的跨年演讲引发公众热议……可以说，影响力能够带来一种神奇的力量，甚至可以影响人的一生。

所谓影响力，是指可以左右或改变他人、群体的心理和行为的能力。它看不到、摸不着，仅能从其影响或效果感觉到。这是一种人人都希望拥有的能力，因为它可以增加人特有的魅力，时时刻刻影响着周围的人。

认知盈余可以帮助我们扩大自己的影响力，进而借用影响力法则获得外界的助力。

什么是认知盈余？简单说，就是**受过教育的人建设性地利用闲暇时间从事创造性活动。这是认知盈余的本质。**

不过这样概括显得太过抽象，不具备可操作性。实际上，对

◆ 厉害是攒出来的

我们来说，相比知道认知盈余，更重要的是要清楚认知盈余的条件、如何才能产生认知盈余、如何从认知盈余当中获利。

第一点：认知盈余的前提。

要出现认知盈余，就要有两个前提：一是自由时间，二是受过教育。

关于自由时间，我们可以借助于一些数字来了解：100年前，世界上普遍的工作时间是一天12小时，现在我们是一天工作8小时；20年前，我们每周上6天班，现在是5天，有些西方国家还进一步缩减到4天。

再来看一则消息：我们知道，历史上存在过的最自由的群体之一是雅典公民，因为有奴隶的供养，所以可以支撑这些人不必为生活所需而工作。现代的瑞士认为，工作理应出于自愿，不用为了钱而出卖自己的时间方算是真正的自由。为此，这个国家举行数次全民公投，只为了决定是否每月要为每个公民发放一笔足以保障其正常生活的钱。

这一系列的变化或许听起来有点奇幻，但这就是正在实现的事实。

Part 4
新经济时代下的4大关键认识，是你实现愿景的台阶

《认知盈余》的作者克莱·舍基说："**人工智能和技术的进展，正逐渐替代古希腊时代奴隶的位置，给现代人提供更多的自由时间。**"

而从人类发展的总趋势上看，自由时间是不断增加的。

接下来看教育。同样先看一组对比：1949年以前，中国历史上的识字率从未超过5%，而今天，我们的识字率超过90%；几十年前，上过初中的人就算是很有文化的人，之后这个标准逐渐提高到高中、再到大学，现在甚至还有提高到研究生的趋势。

伴随着以上趋势的变化，社会上知识总量大大增加，人们受教育的深度和广度都有了极大提升。

在以上两个前提下，试想，倘若我们将全部接受教育公民的自由时间看成一个集合体、一种认知盈余，那么，这种盈余将会有多大？

第二点：**如何促进人们在自由时间中创造价值？**

明确了认知盈余的巨大价值，接下来就要思考另一个更为深入的问题：促使人们在自由时间中创造价值的方法。

大量受过教育者的自由时间是社会的一种潜在资源。但这些

◆ 厉害是攒出来的

潜在的资源倘若只是放在那里，是无法创造价值的。将这些潜在的资源转化成实实在在的价值，需要引导和促进。

小米在这方面做得很好。小米对"米粉"的建议进行筛选，将其中相当专业、可实现的建议予以采纳，从而对其手机进行数次改进。这不仅节约了大量的设计资源，还保证了销量和用户体验，而且，正如小米的联合创始人黎万强所说：让"米粉"参与建议和设计的过程，本身就是用户体验的一部分。

所以，参与感对于认知盈余的价值输出，具有重要的引导作用。

从前我们谈教育时都说寓教于乐，如今我们谈创造也是一样，寓创造于乐。创造不再是一种工作或负担，它成为我们生活乐趣的一部分。参与感的存在，把创造价值这件事变得好玩、酷，让人有价值感，那么它将人们吸引过来，将自由时间花在这件事上就是相当正常的事情了。

文化领域里的众筹是另外一个参与感引发价值创造的例子。这种众筹和一般商业项目的众筹不同，它不期待一个确定的回报率，如很多电影的商业前景并不一定被看好，但是借助于众筹，获取投资者对其的认同感，加之影片在最后的鸣谢中会提到他们的名字，使他们感到参与到了电影制作中。

> Part 4
> 新经济时代下的4大关键认识，是你实现愿景的台阶

甚至人们还以这种参与方式加入更加专业的价值创造中，比如科研方面的"鸟类观察计划"，甚至是NASA（美国宇航局）寻找类地行星的项目，这被称之为参与式科研。

当然，除了参与感，要想将人们的自由时间引导到创造价值上来，便利是一个必不可少的要素。

曾经极度火爆的App"足记"就是利用了便利这一要素。它提供的服务让用户可以将照片制作出电影大片的效果，再配上字幕。一时之间，朋友圈、微博以及各大网站上，都出现了很多有电影感的图片。很多人自发地为它做推广。

实际上，用户在使用足记制作电影照片的时候，已经进行了一种创作，为其他人提供了美的享受，一些做得好的照片还会被留存下来，成为永久的素材。

其实，足记做到的效果在很多图片编辑软件里早就实现了，只是足记比他们更便利。正是因为这种便利，足记的创作形式很快就变成了一种社会现象，除了专业人士，几千万普通人也可以借助它创造价值，让更多人欣赏。最重要的是，这时的创作不再是一种工作、一种负担，而是成了一种满足自己的方式。

类似的还有"美拍""脸萌"等众多制图修图软件，它们虽然

不具备强大的专业软件功能，但是它们足够便利，使得用户可以通过分享提升参与感，于是，它们同样引导了人们发挥自己的创造性，并因此受到欢迎。

所以，当便利性足够吸引人时，你不仅无需为人们在闲暇时创造的价值付费，人们甚至还会为自己的创造而付费。便利他人进行价值创造，本身就成了一种商业机会。

第三点：不同的心理动机塑造了不同的创造价值的形式。

根据马斯洛的需求层次理论，人的需求是分为不同的层次的。在满足了最基本的生理需求和安全需求之后，人们会追求更高层次的爱的需求，被尊重的需求，以及自我实现的需求。

利用闲暇时间创造价值，实质上是对被尊重的需求和自我实现的需求的满足，而这些满足可以分为不同的形式。

罗伯特·西奥迪尼在《影响力》中提出的四条心理学原理，对于利用认知盈余创造价值的行为做出了很好的解释：

第一，社会认同原理：人们有获得更多社会认同、更大社会价值的需求。

维基百科就是典型的例子。创建于2001年的维基百科是一个

> Part 4
> 新经济时代下的4大关键认识，是你实现愿景的台阶

可协作的在线百科全书，如今已经覆盖几十个语种，仅英语词条就已经接近一千万，人们为此投入的时间超过两亿小时。所有工作都是无偿的，连它的运营成本都是靠志愿者捐款来维持。

这些志愿者们投入在编辑词条上的时间，原本可以用来看电视或休息，但他们选择用它来进行无偿的创造。而支撑着这种行为的动力，就是人们自我实现的需求能通过这种方式得到满足。通过这种方式，人们得以将自己的知识、经验汇入更大的、涵盖了全人类的知识集合之中。这是一种认同。

与之类似的例子还有知乎，很多人在知乎上回答问题，实质上就是一种无偿的创造，对于他来说这不是一种负担，而是获得认同的一种方式。

第二，稀缺原理：人们渴望某种稀缺的东西。

如果说社会认同使我们选择了微信，稀缺原理则使我们选择了奢侈品。这两者并不矛盾。当今社会越来越多元化，人们的兴趣也越来越部落化。粉丝圈，小密圈，社群，都是稀缺性原理促进价值创造的好例子。在这里，人们的满足感不是来源于融入某种普遍性的东西，而是自己能拥有某种别人没有的东西。

人们在这种小圈子里分享知识和经验，输出价值，从某种意

义上，这种类型的认知盈余，和互联网时代前的俱乐部类似。

第三，承诺一致性原理：人们倾向于做他们给出过承诺的事。

换言说，当一个人承诺要创造价值，那么这个承诺本身就对这个人起到了督促和鼓励的作用。

"在行"就是这方面的例子。人们在在行上预约专家乃至行业领袖，同时付出一定的报酬。如果仅就报酬本身而言，往往是远低于这些大咖们的时间成本的。但报酬本身是一种价值标签化的行为，重点不在于它的数量多少，而在于它使被请教的人感到自己的知识和创造受到了尊重，这是对被尊重需要的满足。

当大咖们收下这笔钱的同时，也相当于他对这种尊重做出了一个承诺，他要使向他请教的人有所收获，使对方觉得值得，否则其行为就与其承诺不一致了，这不符合人的心理规律。于是，为了使行为与承诺一致，这种形式就会鼓励他更用心地准备，从而创造出更有价值的内容。

第四，最后一个原理是互惠原理。

这条原理很简单，人们通常会礼尚往来。如果你帮助了他们，他们也会倾向于帮助你。这方面的典型例子是"在行"最近推出的"专家问专家"。

Part 4
新经济时代下的4大关键认识，是你实现愿景的台阶

在这种形式下，互相帮助背后隐含着的被尊重的满足会引导和促使人们创造价值，而非价值标签。

如果提问者和回答者都是专家，那么双方都无需向彼此支付报酬，而可以各自把专业领域内的知识与对方分享。

这是在彼此认可基础上的彼此帮助，无需外部的激励来引导人们创造价值，他们就会互相促进，创造出更有价值的东西。

总之，以自由时间和受过教育为前提，通过参与感和便利性来引导，遵循影响力的心理规律，创造价值的认知盈余，可以让我们自己创造价值，也可以建立工具或平台便利他人创造价值，使创造价值的行为变得好玩，变得酷，变得有价值。

这是时代的趋势，也是我们实现更好的自我的机会。抓住认知盈余，就可以让他人免费帮你办事，让自己和世界都变得更加美好！

◆ 厉害是攒出来的

把握体验经济的本质,从打工向老板华丽变身

知识付费领域的领军人物罗振宇曾经发表过一个声明,声称要用经营城邦的思维经营"得到"。他认为自己在过去的一年里把过多的资源和资金投入到了新用户获取的推广上面,接下来他要改变策略,重新关注老用户的体验,把资源更多地倾斜到体验和质量上,而非投入到获取新用户的宣传上。因为"罗辑思维"最早就是靠老用户的口碑,口口相传做起来的。

初看上去这只不过是一家公司的战略战术调整,但这件事却是自媒体与内容行业的一个重要信号:经历了初期大家拼命靠概念、靠噱头、靠标题来吸粉的野蛮阶段,如今面对用户越来越聪明,获取越来越困难,特别是以微信公号为代表的很多自媒体、掉粉、掉关注、掉阅读的情况增多,内容者最终将注意力重新回到用户体验上来了。

这进一步说明了体验的重要性。**在这个消费升级的时代,体**

Part 4
新经济时代下的4大关键认识，是你实现愿景的台阶

验比以往任何时候都重要，它更是一家企业的核心竞争力。

以书籍为例，随着网络购书平台的兴起，传统书店很多都难以为继，因为他们在价格和便利性上缺乏与网络书店的竞争力。很多书店试图降低读者的购买成本，提高便利性，为此它们的确做出了很大的改进，但还是没能维持下去。原因就在于它再快也快不过物流，再便宜也便宜不过网络。

这是否就说明了书店业就此就没落了？其实不然。众所周知，如今很多注重体验的高品位书店却越来越受到青睐。于很多人而言，进去坐一坐、发发呆，已经成为一种生活方式，而且这种看法并不仅限于文艺青年。

比如"猫的天空之城"（以下简称"猫空"）就在书店倒闭潮中实现了爆发式增长，其成功之处就在于给用户提供了良好的体验。在"猫空"里，你可以喝上一杯咖啡，在舒适的环境中与朋友会面，还可以寄一张明信片给未来的自己。借助于将餐饮和文化创意与书店整合，"猫空"不再只把书店定位为买书的地方，而是把它变成了一家体验店。去"猫空"，不只是买书，更是体验一种生活方式。

◆ 厉害是攒出来的

实际上,何止书店,就连随处可见的便利超市和小饭店都会受到体验经济的影响。

我家楼下就有一家超市,按理说走路下去不过两三分钟的事,十分方便。可我宁愿选择在网上下单,让他们把东西送上来。由此可见,随着物流越来越发达,距离上的便利性已经越来越不成为一个问题,使我们去一个地方消费的,不再是必须去,而是我想要去。倘若如此,对于体验上没有特色的超市而言,店面还重要吗?或许它们仅需要一个仓库即可。

这种现象在餐饮业已经发生了,很多餐饮店专门做外卖,不需要店面,因而能压缩成本。于是在这种体验经济的大潮的冲击下,餐饮业越来越分化为两种发展方向:在网上做外卖,或者用很好的环境吸引人们到店进行体验。对于后者而言,人们购买的就不只是食品,而是一种独特的体验,因而人们也愿意为之支付较高的溢价。

但人们去超市消费,很多时候并不仅仅买预先计划好要买的东西,还会随手购买很多计划外的东西,这些计划外的消费对于超市来说是一笔很重要的收入。超市希望人们可以到店里来,所以现在很多超市会提供座椅,优化装修和服务,就是为了让顾客

Part 4
新经济时代下的4大关键认识，是你实现愿景的台阶

的体验变好。

这和逛商场是一个道理，只有把体验做好，做到极致，才有足够的吸引力，吸引到更多人流和客源。那么，如何提升顾客的体验满意度呢？

第一点：**将心比心，己所不欲，勿施于人。**

大约七八年前，有一本书很火，叫作《海底捞你学不会》。可以说，这是消费升级前奏下与体验经济有关的第一本本土畅销书。书中讲到如何为顾客提供更好服务体验的秘诀。下面，我们一起来分析一个场景：

一个人到饭店请客，结果客人在菜里吃出了头发。这人就叫来服务员，质问怎么回事。服务员解释了半天，也没办法解决这件事，最后说去请示经理。过了好几分钟，经理才腾出时间来找客人解释。此时顾客会怎么想？请客的人肯定觉得面子挂不住，于是原本很好说清的事情也无法解决了。以后这个人还会来这家饭店吗？肯定不会。这不是一根头发的事，重点在于他被晾在那里好几分钟导致的愤怒体验。

相反，倘若服务员马上向顾客赔礼道歉，表示要给客人免单，

◆ 厉害是攒出来的

不需要请示经理就可以做出决定。那么客人又会产生怎样的感受呢？他肯定觉得自己受到了尊重，很有可能也不会要求免单了，因为他不想给人一种挑毛病为了不想付钱的印象。从服务员的态度上，他感受到了尊重，觉得自己是一个有身份的人，因此就不会在这些小事上太过计较。客人有了面子，自然会对这家餐厅印象好很多，下次请客他可能还会来这里。

当时，很多饭店的服务方式均属前者，而海底捞则属于后者。海底捞的每一个员工都有权力给客人免单，不需要经过大堂经理。这一点相当重要。表面上看，它是给员工授权，实际上背后的理念是把顾客放在了一个更高的地位上。当客人处于愤怒的情绪之中，还要经过漫长的等待，这无疑增加了客人的愤怒。每个人都需要被尊重，如果自己的愤怒能得到及时的回应，本来很严重的问题可能很容易就解决了，体验也会变得更好。

不仅在遇到危机时要这样处理，在我们工作的整个流程当中都应如此。然而，不顾及用户体验的例子却俯拾皆是。

我曾用过一个软件，其设计形式是：点击取消之后，它会弹出一个对话框，问："您是否确认取消？"下面有两个选项：一个是"确认"，另一个是"取消"。"取消"键显示很明显，"确认"

> Part 4
> 新经济时代下的 4 大关键认识，是你实现愿景的台阶

键呢？故意淡化。

这就是完全没有从用户角度出发做出的设计。它说明设计者根本不在意用户的体验。当然，市面上还存在相当多不人性化的产品设计，甚至还有所谓的流氓软件。这种软件为用户提供了很多有用的功能，却刻意让用户找不到下单购买后的取消功能。这表明设计者完全不拿用户体验当回事。那么它最终的下场就是被"卸载"！

己所不欲，勿施于人，对于提升体验来说非常重要，但除了做到这一点，还要给用户需要的东西，即**关系、参与和个性、附加值**。

首先是**关系**。好的体验必须维持好与用户之间的关系。就像人与人之间需要友情，公司和消费者之间也要形成一种类似于朋友的关系，才能把顾客变成回头客。正如罗振宇所说的，老用户的体验尤其重要。当前，很多航空公司都实行一种叫作航空里程的积分制度。飞的里程数越多，用户就可以享受到越多的优惠和越尊贵的待遇。这就是一种对关系的维持。

化妆品品牌"欧莱雅"是借助维持关系提升体验的最好例子。

◆ 厉害是攒出来的

欧莱雅面对最初打开市场的困境，尝试做过很多新产品，对改善市场作用都不大。他们后来想出一个办法，每到节日或用户的生日，欧莱雅都会为用户准备一张贺卡，有时还送上试用装作为小礼物。有的用户收到了之后，还会拍照分享，说："只有欧莱雅的问候从不迟到"。借助这种方式，欧莱雅得以迅速打开市场。

表面看来，此举需要很高的成本，可是在消费升级的时代，商品成本本身占价格的比例已经越来越小，因为品牌本身就有溢价。用很小的付出，赢得用户的信任与情感，维持一段长期的消费关系，这其实是一件相当划算之举。更不用说，这种情感体验不仅加深了用户的黏度，让客户愿意以更高的价格消费更多该品牌旗下的产品，还促进了品牌的口碑传播，让新用户的获取更具自发性。

其次是**参与**。小米是最值得称道的范例。在小米初创期的社群里，每天都会看到成千上万的用户在为小米提建议，贡献设计和创意。而他们之所以如此热情地参与，是因为他们的很多建议是真的可以被采纳的。而最后，他们又会购买小米的产品，为自己的创意付费。而人们之所以愿意这样做，就是因为感受到了参

Part 4
新经济时代下的 4 大关键认识，是你实现愿景的台阶

与感的体验之美好。

除了科技产品，如今很多影视剧和网络小说也十分强调参与的体验。创作者会在关键的剧情上，由观众讨论投票来决定情节的走向，让观众参与其中，编织自己的故事。甚至当意见分歧非常大的时候，创作者为了保证用户的体验，还会专门制作两个结局，让尽可能多的观众都可以体验到由自己参与产生的故事情节。

除此之外，各式各样的DIY，乃至于农场果园采摘的流行，均是因为赋予了用户参与感很强的体验。在这些体验中，用户不会把它视为麻烦和工作，反而会获得一种成就感，人们购买的不只是水果，而是一次参与的体验，所以人们往往愿意为自己采摘的果子付出比现成的果子更高的价格。

第三是**个性**。聚美优品曾经是这方面的典范。当年轻帅气的陈欧喊出"我为自己代言"的口号时，不仅其形象深入人心，也让自己的品牌一度红遍了大江南北。很多人之所以支持聚美优品，愿意在聚美优品上买东西，很大程度上是被陈欧个性张扬的人设吸引。他让聚美优品成为一个有调性的品牌，当然，聚美优品的很多产品也强调差异化，定制款。所以，虽然定制款的价格比普

◆ 厉害是攒出来的

通的款式要贵不少，还是有很多人趋之若鹜，因为他们在购买和使用这种商品时，除了获得商品本身的功能，还能获得一种差异化的个性体验。

第四个是**附加价值**。这一点可以从高档酒店、购房上看出。高档酒店会为客人提供很好的配套服务，如车接车送，甚至有些五星级的酒店还会提供导游服务。再比如买房，一些中介公司会提供搬家服务。通过提供附加价值，商家向消费者提供一种无微不至的服务体验，让消费者不必为琐事操心。这种无微不至的体验所创造的溢价，要远远高出其为之付出的成本。

最后，体验经济最终的核心，是**给消费者形成一种愉快的记忆符号**。例如前文海底捞的例子，随着时间的流逝，人们或许不会记住具体的细节，但这个品牌会在消费者记忆中留下有面子、受到尊重的感觉。再比如猫的天空之城，它提供的很好的氛围，让人们愿意把重要的约会定在这里，于是给消费者留下的记忆就不仅包含了它的服务，也包含了在那里发生的美好记忆。这种美好的印象，就是一个品牌的符号，会吸引着消费者一次次回到这

Part 4
新经济时代下的 4 大关键认识,是你实现愿景的台阶

里。即使只是一个小小的店铺,也可以借由对其体验的精心优化,变成一个有故事的地方。

体验经济时代,深入理解好体验经济的要素和重点,把握好它的本质,就可以让我们改变思维,实现由打工者向老板的华丽变身。

◆ 厉害是攒出来的

理解共享经济，抓住不用上班就能赚钱的机遇

如今，共享经济成为一个炒得异常火热的概念，甚至十九大也给了共享经济很高的赞誉。自从共享单车兴起，"共享"一词就人尽皆知了。

不过如同任何流行概念一样，对共享经济的解释也五花八门。针对究竟何为共享经济，可谓众说纷纭。主流意见主要有两种：

第一种解释是，共享经济的本质就是强调使用权，弱化所有权，简言之，如果一个东西你只是临时用一下就能满足你的需要，那么你就没有必要去拥有它——共享比购买更划算。

第二种解释是对第一种观点的否定，认为这样的说法实质上混淆了共享和租赁，而二者是完全不同的，因为共享强调的是充分利用闲置资源。

举个例子，某公司有一个马桶，并非总是有人使用，不过无论如何，一个公司总是要有马桶的。现在公司将其开放，不仅公

Part 4
新经济时代下的 4 大关键认识，是你实现愿景的台阶

司里的人能用，外来人员扫码付款之后也能用，这就是利用了闲置资源，是共享经济。不过倘若专门开一家公司，盖栋楼，里面全是马桶，专门收费，那就不是共享经济了。因为它没有盘活闲置资源，而是专门造出新的资源然后租给大家使用。这也是为什么我们可以说"这是一家饭店"，从不曾听过有人说"这是一家共享厨房"。

知名互联网评论家 Keso 针对共享经济说过一句名言："分享经济是一个自我否定的命题，到最后会变成——所有被分享的，都是专门用于分享的。"这个论调相当悲观，由此观点来看，共享经济就成了一个虚构的概念，是彻底的泡沫经济。

按此标准来判断，如今的共享单车也并非真的共享。因为它也不是利用闲置资源，所有共享单车都是公司专门制造的，本质上还是短租。甚至连共享经济的鼻祖，著名的 uber（"优步"）和 airbnb（"爱彼迎"）在这个标准下都不算是纯粹的共享了。当然，最初它们的模式的确是共享经济。

airbnb 是怎么创立的呢？它是两个创始人在大学开会时发现有很多人找不到住的地方，于是将自己宿舍里闲置的床铺租出去，赚了几百美金。两人发现这个方法挣钱真容易，于是将其扩大化，

◆ 厉害是攒出来的

进而建立了一个网站,就是airbnb。

最开始,他们找不到房源,没有房东愿意和他们合作,他们就先从自己的亲戚下手。亲戚们赚到钱了,自感不错,于是便帮助传播,就这样一点一点地扩散开去。最初阶段,airbnb的确提高了闲置资源的利用率。但是情况很快发生了变化,因为airbnb越来越火爆,导致一个独特的群体产生,这个群体就是二房东。他们把房子租下来,专门靠在airbnb上"共享"房间过活。原来的房东往往都有自己的工作,不以此谋生,这件事于他们而言仅仅图个新鲜,所以他们往往比较好客。游客住进去之后,可以体验到本地人的生活。

而二房东则不同。如今倘若你去看airbnb,会发现很多出租房的房主都是同一个人,因为这是他们的职业。而你住到里面后,或许根本见不到人。这种情况下,airbnb就变成了一家线上旅馆。再到后来,很多旅馆客栈干脆就把自己的房间放在airbnb上,于是airbnb变成了一个广告牌。可以说,无论是变成线上旅馆还是变成广告牌,airbnb都不再是纯粹的共享经济了。

uber和滴滴打车也是一样。最初,他们确实吸引了很多非职业车主,这些车主在业余时间用闲着的车子赚点外快。你打车时,

Part 4
新经济时代下的4大关键认识,是你实现愿景的台阶

可能遇到不同行业的人,与他们聊聊各自的生活,他们也有这个闲心和你聊。

不过如今你再去打车,你会发现十个里面有八个都是职业的司机,他们的故事都是一样的。由于有的人压根儿没有车,于是发展出一批专门租车给司机、让他们开出去"共享"的公司。这些司机中很多都是附近地区的农民,所以一到农忙时节,滴滴叫车的时间会长得多。于这些人而言,这就是一份工作。结果uber变成了一家巨大的线上出租车公司。

所以,原来宣称是共享的东西,借助闲置资源起步,而一旦做大,往往很难依靠闲置资源存活。最后就如同Keso所说的:"所有被分享的,都变成了专门用于分享的。"

这并非说它不好,而是说它变成了一门普通的生意。有人曾做过统计:美国一台车的使用时间仅占一天时间的4%。中国因为堵车,这一比例会稍微大一点。这样看来,人们原本预期共享经济可以提高资源的利用率,结果却发现并没有那么大的效果。

那么理想的情况应该如何呢?那就是汽车可以自动驾驶,每天早上送你去上班之后,自己跑出去接单,然后晚上下班的时候再回来接你,顺便再接个拼车单。不过当前的技术发展还没有达

到那个程度。

是不是这样的标准过于极端呢？西谚云：没有泡沫的啤酒不好喝。共享经济里的确有泡沫，但是也不应将其一棍子打死。毕竟，自从有了嘀嘀打车和共享单车，我们的生活就变得更便捷了。所以，对于共享经济还可以有第三种理解：有需要，即可使用。例如需要骑自行车了，就很快能找到一辆不属于自己的车，扫码就骑，这样足矣。

以此标准来判断，上述两种观点就不再矛盾了，而仅仅是共享经济发展的两个阶段：就如同那个自动驾驶汽车，在初级阶段，做不到充分激活闲置资源的时候，它带有租赁的特征；而后，随着相关领域技术的发展，它就会倾向于真正的共享经济。事实上，如今被一些人鄙视为在线租赁的行业，都是未来真正共享经济的基础设施。

共享经济给我们带来的机会分两种：**一类是省钱的机会，另一类是赚钱的机会**。那么，我们个人如何利用到共享经济所带来的机会呢？

前者很简单，比如共享医疗，我们不必费时费力地去医院挂号，

> Part 4
> 新经济时代下的4大关键认识,是你实现愿景的台阶

直接可以在共享医疗平台上询问专业的医生,"春雨医生"就提供这种服务。再比如我们都已经很熟悉了的共享交通。甚至还有共享办公,像wework,soho,大大降低了人们的办公成本。但是后者则需要花费更多的时间去寻找。

最简单的是我们之前讨论过的airbnb,无论平台上有多少职业租房人,也不影响你把自己的一席之地共享出去,取得租金。

顺风车也是一个不错的选择,此外还有共享物流,像"云鸟配送",每天上下班顺路就可以获得一笔快递收入,把交通费省了。如果你要出差,一边拿着公司的报销,一边捎带一箱快递,更是两不耽误。

这样的共享收入都有一个问题,就是总收入太低,作为外快还可以,但要是作为主要经济来源就有些不够了。那么共享经济当中,是否还有收入更高的机会呢?当然有。

做"威客"就是其中的一个。威克是一个比较陌生的词汇。那么什么是威客?

威客的英文是witkey,直译过来就是智慧的钥匙。顾名思义,这种获取收入的方式与知识有关。威客们共享的是知识,通过在网上为其他人提供解决方案来获取报酬。比如给公司起名,

做logo，写文案，想广告语，等等。之所以说它是共享经济的一种形式，是因为它与普通的自由职业不同，每一件在威客网站上投标的作品都会认证版权，没被选中的作品会自动进入共享状态，还有被其他人选中的可能，而不是进入文件夹里永远闲置下来。

如果想要成为一名知识共享者，现在其实有很多种方式。除了传统的大型威客网站，比如一品威客网和猪八戒网，知识付费平台也是一种不错的选择，比如分答和知乎都推出了一人回答，多人旁听的功能。

另外一种方式是共享金融，这个领域经过前两年的大浪淘沙，已经发展得比较完善了。

它包括最基本的p2p。p2p是一种个人直接把钱借给个人使用的方式，流程迅速，充分激活了个人的闲置资金。为了规避风险，平台一般也提供分散投资和保险公司担保的选项。p2p最重要的是要选择可靠的平台，才能保证投资不受损失。当然这种方式比传统的银行理财要高出不少。

更高级的是股权众筹，比如国内的3W咖啡馆。通常股权众筹针对的都是创业公司，不仅共享了闲置的资金，还共享了参与者的人脉资源。但是这类共享方式风险比较高，而且一般有资金

Part 4

新经济时代下的 4 大关键认识，是你实现愿景的台阶

数量的门槛，并不适合入门者。

在共享金融中成本最低，而且也最有意思的其实是普通众筹。目前全球最大的众筹平台是kickstarter。kickstater把富有创意的想法和项目方案收集到网站上，让大众可以向自己感兴趣的项目投资，在这种模式下，最重要的不再是回报，而是让支持者可以见证新发明、新创作、新产品的诞生。

可以用来众筹的项目多种多样，包括影视、音乐、出版、摄影、旅行、艺术等。这些项目一般都不大，从几千、几万到几十万都有，很多都是个人性质的，也就是一群人出钱让一个人去做他们共同感兴趣的事情。

做这些事情很多都不以盈利为目的。说到此，大家或许会质疑，不以盈利为目的的话，我们又如何借助它来赚钱呢？其实这需要大家换一种思维方式去看——我们赚钱是为了做我们想做的事，而众筹平台其实把赚钱和为想做的事花钱这两件事合而为一了。或许新项目做完后，你没有赚到什么钱，但是这个项目本身就是你想要为之花钱的事情了。

例如某公司里的一个90后员工，很喜欢骑行，想骑行川藏线。他把这个梦想以项目的形式放在众筹网站上，承诺会与大家分享

◆ 厉害是攒出来的

他的旅行照片,最终筹到了6千多块钱,自己又往里填补了一千多块,于是在完成了这次旅行的同时,还收获了很多朋友。

倘若从商业的角度来说,这是一个亏损的项目,可是骑行这件事原本就是他想做的,之前因为没钱做不了,现在通过众筹做成了。所以他不是亏了一千多块,而是赚了六千多块。而那些赞助他的人,往往也拥有共同的爱好,不过没有勇气或者没有时间,仅付出十几块钱就结交了一个有趣的朋友,还加入了一个有共同爱好的圈子,这就是一件共赢的事。

如今国内也有这样的网站,比如"追梦网",上述那位员工之前就是借由这个网站实现了自己的梦想。用他的话说,在新的时代机遇里,过自己想要过的生活,做自己想要做的事,这样的机会有很多,很多时候我们缺乏的只是对这些新渠道的了解,以及一点点创意与勇气。

所以,你能否抓住不上班就能赚钱的四个机遇,全看你能否理解透共享经济。

Part 5

可迁移能力，
让你轻松应对复杂的问题

◆ 厉害是攒出来的

掌握数据分析技巧,提升实用思维能力

不少人看到一大堆数据就会头大,但数据其实真的没有那么难理解,倘若用心还可以从中获得相当多有趣的结论。

比如,马云曾经分享过这样一个结论:在中国,浙江女性的胸最小。这个结论是如何得出来的呢?就是通过阿里巴巴的大数据,发现淘宝销售的胸罩中,卖到浙江去的胸罩平均尺寸最小。

就这样,很多用其他方法无法得到的信息,借助于数据分析,一目了然。

当然,大数据对于我们的意义绝不只是可以获得一些信息,在理解它的过程中,我们还可以改变自己的思维方式。

有一首儿歌是这样唱的:"因为所以,科学道理。"简单地说,这句儿歌道出了我们习惯性的思维方式是"因为什么,所以什么"。这是用因果关系的方式思考问题。大数据思维和这种思维截然不同。

大数据思维关注的是相关性，而非因果关系，意即它强调的是人与人、人与事物、事物与事物之间的相互关系。如何理解呢？一起来看一个例子：

十年前的一个夏天，科学家们在研究游泳溺水事件时，发现了一个有趣的现象：冰淇淋销量的增长和溺水而死的人的增长趋势完全一致，也就是说随着冰淇淋销量的增长，溺水而死的人在直线上升。

这是为什么呢？难道是吃冰淇淋会导致人们淹死？

当然不是。这一现象告诉我们，随着天气变热，吃冰淇淋的人增多，游泳的人也增多，淹死的人自然就增多。在这里，冰淇淋销量和溺水人数之间存在的只是相关性，而非因果关系。

通过这两个故事，你是不是已经对大数据产生了某种感觉？利用大数据提升实用思维包含以下四个要点：

第一点：传统的因果思维是有问题的。

传统思维常常习惯在相关的两件事之间建立因果关系，于是我们总是喜欢按"因为……所以……"的思维方式思考问题。但这个世界是复杂的，而且正在受到越来越多的因素的干扰，变得越来越复杂,所以很多时候对许多现象我们并不能准确地找到原因。倘若一定要强行寻找原因,那么结果必定适得其反。

就如同冰淇淋和溺水的那个例子,如果用因果关系的思维分析,就会做出轻率限制冰淇淋销售的决策。结果,非但不会降低溺水人数,而且或许会因为减少了人们避暑的方式,造成溺水而亡的人数量增多。

第二点:注重相关性,才是更有效率的思维方式。

作为全世界最大的连锁超市,沃尔玛的数据分析师发现,当把啤酒和婴儿纸尿裤摆放在一起时,会大幅提高二者的销量。

为什么会这样呢?是因为带孩子的爸爸变多了吗?还是因为人们在买啤酒的时候有点愧疚,希望展现一下自己有责任心的一面?没人知道。

原因并不重要。沃尔玛在发现了这一相关性后,迅速调整货架布局,将这两种货物摆在一起,结果既提高了销量,又便利了顾客。

为此很多顾客赞叹:"沃尔玛居然知道我心里在想什么。"

实际上,沃尔玛并不知道顾客在想什么,也从不曾研究过造成这一现象的原因，但这没关系，因为它并不妨碍沃尔玛做出正确的决策，做出快速反应。

第三点：相关性需要全样本。

何为样本？样本就是我们做观察和调研的时候抽取的一部分数据，它对于做决策具有很重要的作用。在大数据当中，正是样本规模的改变，导致了决策思维的改变。

而相关性是大数据最核心的特征。不过你是否考虑过，既然相关性这么重要，为什么人们还是长期保留着因果性的传统思维呢？

按照进化的逻辑，像因果性这么低效的思维方式，为何还不曾被淘汰掉呢？其实，这就是大数据的关键。

由于相关性不追究事物之间的逻辑关系，因此倘若想得到可靠的结论，就需要比因果性更大的数据量，就需要更全面的样本。

过去，人类因为受到技术的局限而无法获得足够多的数据以支持我们的判断。因此只好借助于探究和论证因果的方式达到目的。不过如今，随着互联网和计算机技术的发展，大数据和全样本变得可能了，我们当然没有理由不去利用这种便利。

是否会使用工具是人与猴子的区别之一，而会使用更新、更高

◆ 厉害是攒出来的

级的工具则是具备高框架思维的人和单点思维的人的区别所在。

第四点：**面对全样本，需要我们有抽象数据的能力。**

八年前磨铁公司乃至于整个图书出版行业都面临着一个巨大的转折。那时，大家都在争论：书籍到底是不是一个产品？就是在这种情况下，我在磨铁公司的执行总裁张凯峰先生的支持下，创立了磨铁黑天鹅品牌。而张凯峰先生从前是海尔的流程再造总监。

当然，如今谈到书籍产品或许大家已经习以为常。不过在当时，正是张凯峰先生首次在出版业引进了产品经理这一概念。于出版业而言，将书籍当成产品来做，这是一个创举。而这一创举让磨铁在出版业大转型时期领先了一步。

当书籍被当作产品来做，就意味着书籍的制作不能仅凭直觉，而要靠数据说话。

当时，作为全面跟踪中文图书市场零售数据的平台，"开卷"已经存在了十几年。它为出版业提供不同渠道和不同时间的数据。

不过当时图书行业对于数据的利用主要用于书籍上市后，在数据平台上监测销售的好坏，这决定着是否赶紧加印，以避免市场上断货。

Part 5
可迁移能力，让你轻松应对复杂的问题

结果，如此好的数据平台，却只是起到了这样一个作用。这真是相当遗憾。

为什么数据没有得到充分的利用，没有参与到制作流程里来呢？就是因为当年相当多编辑不清楚如何解读这些数据，缺乏抽象数据的能力。

还有一个特别有意思的事实，很多经济类、计算机类的书卖得比较好，一方面固然是由于读者群刚需较大，另一个重要的原因还在于人们出于提升理解数据的能力需要。

或许是学科背景的差异，你会发现在很长一段时间里，就平均水平而言，出版制作此类书籍的人比做人文社科类图书的人更能理解数据。

同样的大数据，在看不懂的人眼中，就是一堆乱码，但是在有抽象数据能力的人眼中，就有了周期，有了规律，还蕴藏着读者的需求。原因就在于这些人具有宏观性、系统性的思维。

具备这种能力的人可以不断地从数据中得到整体性的反馈，如此一来他们的成长速度相比仅通过做一本本书、一个个产品积累感觉的人就要快得多。

当年张总在磨铁公司工作了3年，主要为磨铁树立了这样一种数据意识，同时训练了一批有系统性思维和数据抽象能力的编辑，开风气之先。正是靠着这些人，磨铁做到今天，估值10亿美金，成为出版业的龙头老大。

"读客"是另外一个靠数据成功的例子。今天，读客图书估值超20亿，在业界号称"单品之王"，其创始人华杉、华楠两兄弟均是做战略咨询出身。

因此，千万不要认为有了全样本就足矣，你一定要同时具备理解数据的能力。因为小样本的本质是训练人的感觉，大样本的本质是训练方法、训练思维方式。而要建立抽象数据的思维能力，是需要练习的。

为此，你一定要多思考，多分析，多积累感觉，最关键的是要敢于把想法说出来，抛砖引玉，在别人指正的时候又能够虚心地接受，把握好自信和谦卑之间的平衡。

鉴于数据分析能力比较抽象，一个人练习极易走进死胡同，所以一定要与他人交流，互相矫正。下面这个小练习不妨一试：

下载一个"国务院"App，找一个小伙伴，利用每天睡觉前五分钟的时间，看一个小的数据总结，比如去年的房地产数据、

Part 5
可迁移能力，让你轻松应对复杂的问题

保险业数据、统计局数据等，以此培养自己的数据分析能力。次日再抽出十分钟，与小伙伴互相讨论。

有朋友担心无法找到此类数据集，没关系，如今每个行业都有自己的数据报告，查看出版业数据报告可以看当当和京东的图书排行榜，查看知识付费类数据可以观测收听量，甚至连传统行业，也可以在"在行""分答"这样的平台上约见本行业的大咖向其请教。所以无需发愁没有数据可看。

最后我要提醒的是，在进行大数据分析的时候，要注意把握好追求精确和模糊性之间的平衡。

舍恩伯格在《大数据时代》一书中提出：大数据具有模糊性，可以不追求精确。但是中文版的译者在序言中反驳了他的这一观点，认为大数据不能抛弃精确。对此，相当多的人持有异议。

事实上，二者并不矛盾，就本质而言，这是一个成本权衡的问题：数据越精确，需要的数据量就越大，但数据的收集成本也越大，我们最终追求的是以最高效率达到可靠结论，所以如果能做到精确，当然可以，但最重要的是要权衡这样做的成本和收益。

◆ 厉害是攒出来的

结构化思考，让你的思维更有逻辑

为什么我们常常肚子里有一堆的话，想说出口的时候，却不知道从哪儿开始，结果费劲说了一通，别人什么也没听进去？

其实这和结构化思考有关，人类天然习惯按照规律做事。我们可以先找出一个小规律，然后慢慢在这个基础上迭代修正，就会越来越有条理。

结构化思考，就是把碎片化的东西整理成知识体系的过程。

笔记这一人们运用非常普遍的工具，就可以很好地用来说明结构化思维的问题。

在我们的工作生活当中，很多朋友都会做笔记，把一些好的想法记录下来，但是若干天之后，再去回看自己的笔记的时候，就会发现一个问题，自己都不知道这些笔记记的是什么了，有时还会诧异，自己竟然还写过这些？

我们公司销售部的同事在卖课程时就经常遇到这种情况，我

Part 5
可迁移能力，让你轻松应对复杂的问题

常对他们讲：你们要去帮助用户，而不是借这个机会让用户买单，如果你们没有一种帮助用户的心态，是完成不了业绩的。

但实际上，他们经常在与用户聊天的过程中，急于让用户购买课程，这反而导致用户不信任我们，销售的业绩也难以达到。这是心态的问题，而这个心态问题，其实我们在日常的销售培训中讲过多次，但一些销售同事就是做不到。

我们都知道，在销售过程中心态是至关重要的，《先发影响力》这本书中就讲到心态建设的重要性。销售如果很难调整好自己的心态，那又怎么能让用户买单呢？所以，我一直和销售同事强调，课程售卖时要注重，我们的课程只卖给有需要的人，绝不卖给不需要的人。

后来我问他们，我讲了那么多销售的方法，你们做过记录吗？他们告诉我，他们也有记录，但都是碎片化记录，没有系统整理过。我告诉他们，在接下来的培训和学习中，不仅要记录，每周还要形成销售工作方法论手册，把销售方法分类归纳整理，每周吸收一个新知识，把新学的知识对号入座，归入到已有的知识体系当中，反复背诵，形成长期记忆，最后沉淀为自己的技能。

各行各业都有一些能体现结构化思维的口诀，比如做市场的

◆ 厉害是攒出来的

人就有这样的口诀：第一步是市场洞察，然后做竞品分析，最后形成自己的市场方案。如果没有这种结构化的思维，真正做事时就会丢三落四。

个人发展学会的产品经理们要开发一个新选题时，就必须有几个模块的选题报告，写选题报告时，有几个方面的内容一定要填写，比如作者简介，市场调查，竞品分析，课程卖点，目标人群定位，这也是结构化思维在选题开发时的运用。

前面提到的那些回头看都不记得自己笔记记了些什么的人，他们的笔记就是碎片化的笔记，是零散紊乱、不成体系的，如果经过结构化整理，它就有了内在的逻辑关系，也更便于记忆。在平时生活中运用时，也能够更自如地调取这些心得和方法。所以，那些看上去你花了力气，但是没有多大价值的笔记，反应的正是你的结构化思维的问题，学会整理和规划，将信息结构化处理，你的思维才会更有逻辑。

你可能会有疑问，要怎么才能学会逻辑缜密的结构化思考方式呢？其实，**人类是习惯性按规律做事的生物**，你可能一开始无法一步到位，但你只要试图把你的心得和方法整理成123的结构，养成这个习惯之后再去不断重复即可。

Part 5
可迁移能力，让你轻松应对复杂的问题

你一次一次去整理，不断优化和完善，养成习惯之后，未来就能记忆更多的东西。我们个人发展学会也和世界记忆大师合作过一个记忆力课程，在合作过程中，我发现他的记忆方法就是让信息具有内在结构，他说："拥有结构化思维就源于持续不断地训练。"

◆ 厉害是攒出来的

沟通能力说到底是你的思维能力

很多人知识丰富、专业能力出众,但在和老板、同事沟通的过程中经常不顺利,使得工作很难推进。

有人问巴菲特对于二十一二岁刚毕业的年轻人有什么建议?他说:"学会投资自己!还有一个让你至少能比现在富有一倍的方法:磨炼你的沟通技巧,无论是书面的还是口头的。如果你不会沟通,就像是一片漆黑中给女孩抛媚眼,什么都不会发生。光有超能的智慧是不行的,你还需要靠沟通,把它传播出去。"

马云也曾在公开场合演讲时说过,阿里巴巴有几万年轻人,从概率上看很有意思,情商高的人,往往很容易成功也很容易失败,而智商高的人不太容易成功但也不太容易失败。因为智商高的人有套路,有自己的知识结构,他按照套路一步一步地走也不会有太大问题。情商高智商低的人很危险,而智商高情商低的人

Part 5
可迁移能力，让你轻松应对复杂的问题

则是个麻烦，他们永远都会认为自己怀才不遇。

在互联网时代，我们已经摆脱了金字塔式的人才模式，**每个人都是网络世界里的一个节点，我们自身的价值取决于链接资源的数量和质量，而沟通是链接一切的根本，只有具备良好的沟通能力，才能提高链接的效率。**沟通是一种需要持续修炼的能力，它的提升不可能一蹴而就，需要长期修炼，可很多人却连提升沟通力的意识都没有。

与过去的沟通相比，现在的沟通方式变得更加多元和复杂。其中包括了面对面的沟通，线上的语音沟通，视频沟通等各个维度。数字化、网络化、多媒体化已经成为大多数沟通的基本特质。如果你具备全方位的沟通能力，那你的链接效率就自然而然会高很多，做事也更容易成功。

伴随着社会的进步，你只有与时俱进地升级自己对沟通的认知，不断提高沟通技能，才能持续获得更多资源和回报。其次，我们还需要明白，所谓沟通，就是消除鸿沟，让信息传达变得更加通畅，从而放大自己的个人影响力。

接下来，我为大家分享四点提高沟通能力的方法。

◆ 厉害是攒出来的

第一点，**要学会打标签，为自己立人设**。你不仅要去适应这个时代，也要让这个时代适应你，记住你。

第二点，**拥有自己的原则**。如果你没有原则，就会发现自己的思维系统是紊乱的，别人也很难知道用什么样的方式与你沟通。要让自己的原则和标准成为你的框架基础，学会建立框架意识。

第三点，好的沟通也需要**具备一定的营销意识**。抖音的出现让平民百姓一夜爆红变得稀松平常，这告诉我们，人人都要学会营销。很多人不会夸自己，也不会包装自己。他们认为沟通只要学习技巧和话术就可以。其实，你的头像、个性签名以及发朋友圈的内容等，都是包装自己的重要方面。

第四点，学会注重**弱关系沟通**。弱关系是一种公开场合的沟通链接，微博、朋友圈、QQ空间这些都属于弱关系场合。在过去，在公共场合发表言论，是公众人物才会有的事情。可如今，你就算发一个朋友圈，甚至在朋友圈中留言回复，也都是在沟通，而一些不恰当的言行就会对你的未来造成负面影响。

我的朋友圈中大概有3000多个好友，几年前我发过一个朋友圈，内容是两个男同事在聚会时做搞怪亲嘴的动作，我觉得好玩，

Part 5
可迁移能力，让你轻松应对复杂的问题

就分享到朋友圈了，结果朋友圈中突然有个作者朋友在下方留言：我们两个就此友尽，我决定把你删除好友。原来，这位作者朋友并不喜欢这类内容，他认为我有恶趣味，所以跟我打了个招呼后就把我删了。这位朋友还算有礼貌的，很多人在删好友时，往往一声招呼都不打就直接拉黑。通过这件事情我明白了一点，朋友圈不只是自己的私人领地，所以，发布的内容不能太随意，否则容易影响到弱关系朋友对你的印象。也许你只是单纯觉得好玩，但是在别人眼里，你就是低俗胡闹，长此以往，朋友圈中的弱关系就会受到极大损伤。

当微信好友达到了500人以上时，你的朋友圈就变成了一个公共场合。在这种场合，你表达自己的时候，就不能只是局限于自己的玩乐。而要像公众人物一样注意自己言行。

有人可能认为物以类聚，人以群分，那些人把我删掉也无所谓，这样的想法是站在强关系的角度看问题。但不是所有的关系都是强关系，也不是留下来的才是真正的朋友。朋友圈好友的弱关系维护就像你站在一个500人的会场讲话，这时候，你还会不注意自己的表达吗？我们要分清什么是私密场合，什么是公众场合，真正的社交场景中，线上和线下其实没什么区别。

◆ 厉害是攒出来的

沟通是件伴随我们终生的事。随着社会进步,沟通的方式和场景不断变化。所以,保持终身成长的心态,不断锤炼和打磨自己,你才能成为一个情商高、会沟通的人。

Part 5
可迁移能力,让你轻松应对复杂的问题

理解稀缺性、选择权和比较优势,助你精准决策

跨年的时候,我和几个朋友在酒吧聚一聚,酒吧的电视上吴晓波正在讲未来的经济走势,一个朋友看了半天扭头问我:"明年经济真的会像他们说的那么差吗?"

大家觉得呢?

同样的问题,我问过清华大学著名的经济学导师韩秀云韩教授,韩老师当时和我说了一句话:冬天来了,春天还会远吗?

去年冬天的时候,我们个人发展学会很荣幸能够和韩秀云老师共同研发了一套经济学大课,韩秀云老师是国内最权威的为数不多的女性经济学家之一;在清华大学第一年教书就获得了"优秀教师奖",这是一般老师三十年才能获得的殊荣,她从来没有被精英主义思维裹挟而带有对大众的价值偏见。相反,数十年来,她一直兢兢业业地努力向大众普及知识。在这里我想跟大家分享一下这段打磨课程的时间中,我从韩老师那里学到的几点特别精

辟的感悟。

这些感悟，我归纳为3个词，分别是稀缺性、选择权和比较优势，在未来面临选择做任何决定的时候，稍微思考一下这三个原则，可以让你的决策更精准，一辈子都受用无穷。

从个人成长的角度来说，我是这么理解经济学中的这三个词的：

第一个是**稀缺性**。

先讲个故事。曾经一个饮料商花大力气将自己的饮料打入了人流量非常大的超市里销售，售价是三元钱一瓶，每天卖出去的寥寥无几，公司持续亏损。后来他换了思路，将同样的饮料供货给五星级酒店的水吧，可以卖50块钱一瓶，这里的顾客数量和超市里相比相差数千倍甚至数万倍，但他惊奇地发现，销量却更好。

可能有人说是五星级酒店的环境为饮料增加了附加值，但大家是否认真思考过，除了外界所处环境的附加值，还有什么不同？

超市里客流量虽然大，但是各种饮料琳琅满目，有几百种之多，顾客可以选择的范围非常广，而且大部分顾客都习惯了选择超市常年重点推荐的可口可乐这种品牌，只要你的饮料在超市得不到

Part 5
可迁移能力,让你轻松应对复杂的问题

很好的推荐,销量差也是可以预见的。

但五星级酒店的水吧里大多数卖的是威士忌、干红、干白这些酒类,饮料的种类寥寥无几,同类型的饮料更是只有他一种,所以,只要不想喝酒的顾客,很大概率会选择这种饮料,即使服务员没有主推,因为饮料本身在菜单上的稀缺性,很容易被用户发现从而购买。

同样的道理,我们在选择工作时,也要时刻记得我们需要的是那些最能够体现自身价值的工作,而不是盲目选择大平台还是小平台,哪里能够体现你的稀缺性,哪里就是你最好的去处,有时候,你的价值不是由你的能力决定的,而是由你的稀缺性决定的。

讲到这里,相信大家对于稀缺性有了一个大概的认识。

就如多年以前,我在知乎上看到的一段话:"第一,资源是稀缺的,包括注意力、信赖、金钱、权力、美誉、感情、智慧。第二,资源是长脚的,会自动向更能驾驭它、发挥更大效用的人手上汇聚。这个过程往往无关正义道德,可能血淋淋可能伤及无辜,但无法阻挡。了解了以上两点,能免于狭隘、偏激、自欺、懒惰和公主病。"

透过这句话,就我们个人而言,唯有累积自己能力的厚度,

让它具有稀缺性,一切资源的问题都不是问题。

所以,在未来,我们要不断打造自己的稀缺性,重视个人能力的积累,从而获取更多的资源,因为资源是长脚的,它会不断地向稀缺的人靠拢。

第二个就是**选择权**。

选择权对应着自由,我们每一个人努力奋斗就是让自己拥有更大的人生选择。这是从经济学角度对人生奋斗意义的一种诠释。前文提到过的富豪和渔夫的故事,就可以让我们很好地理解选择权。渔夫一辈子在同一个地方钓鱼,富豪的人生,在绕了一个大圈之后,虽然有可能回到渔夫所在的地方钓鱼,但是他可以选择世界上更多地方、以更多形式钓鱼。渔夫一辈子都无法理解富豪所拥有的选择权背后带来的价值与意义。要知道,生命的旅程就是一场体验。

在做每一个决定的时候,是聚焦在当下的得失,还是让自己的未来拥有更多的选择权?其实,经济学让我们抽离于漠视时间轴的单点式的数字算法,让我们学会从一个更高、更长的维度来给自己的人生定价和计价。这也让我进一步理解了韩老师常说的

Part 5
可迁移能力,让你轻松应对复杂的问题

一句话:"能大方分享吃、大方分享金钱的人,往往一辈子不愁吃不愁钱"背后的道理。

有句古话叫作:少年壮志不言愁。这句话可以引申为,一个人年龄越大,职业经历越丰富,未来的选择就越少,因为随着年龄和阅历的不断增加,身上的负担就会越重,做事情就容易被掣肘,不像年轻的时候拥有无限的可能。所以,在未来,随着我们自身阅历的不断增加,我们的选择权就会因此而受到限制,因为会有很多东西让我们难以放弃,理解了这个道理,我们接下来在做选择的时候,就要学会去扩大自己的选择权。

前两年我从磨铁离开之前,我的老板要给我股份,现在这些股份已经价值几千万,我身边有朋友就问我:"当年你离开磨铁岂不是丢了一大笔钱吗?难道不会觉得遗憾吗?"

我对朋友说,我一点都不觉得遗憾。因为当一个确定性的东西摆在我面前的时候,我就能想象得到在未来五年的时间里,我的生活大致就是这样了,我失去了更多的选择,因为我被锁死在那里,很难拥有更多的可能性。虽然那一刻我会很开心,但是我知道我的幸福感会越来越弱,因为这就是一个选择权的问题。你选择稳定时,其实就是放弃了更多的选择权。我一直和年轻人讲,

不要因为一时的利益得失而盲目做选择。大家在权衡考虑的时候，会很容易忘掉时间轴，**大多数人都会低估自己十年之后能取得的成就，高估自己一年之内创造的可能。**

什么是一份好的工作？好的工作本身能够给你高薪待遇，同时也能给你更多选择权。如果这份工作只有一个很高的待遇，但是没有给你的未来提供更多可能性，那我宁可选择一个薪酬低一些，但是未来让我能有更多选择权的工作。

我从韩老师那里学到的第三个知识就是**比较优势**。我很喜欢一句话，人没有绝对的优缺点，只有相对的优劣势。比较优势其实就是从相对优势的角度让我们更好地去看待自己。因为优缺点都是相对的，我们都没有必要执迷于自己是否完美，对一个人的长期发展来说，最好最快的方式就是基于自己的优势正向发挥。我们公司有专门的抖音制作团队、音频节目制作团队和新媒体团队，每一个部门都有自己的操作逻辑和做法，有的同事抖音玩得很好，有的同事音频节目做得很好。如果做音频节目的同事看到别的同事抖音做得很好的时候，不假思索地也跟着去做抖音，在我看来是不合适的，因为这样性价比不高。每个人都有自己的特

Part 5
可迁移能力，让你轻松应对复杂的问题

长，这个时代需要的是协同合作，联机进化，不需要你什么都会，发挥自己的专业特长就好。同样的道理，个人发展学会经常会有粉丝朋友向职业辅导师倾诉，看着周围的人都在学习，不断进步，自己每天都很焦虑，买了很多书，听了很多课程，结果却是越来越焦虑。面对这样的朋友，我通常都会告诉他们，要认清自己的比较优势，**高手不是什么东西都会，而是清楚自己要什么，自己的核心优势是什么，然后把核心优势不断放大，在自己的领域里面创造更多的价值，没必要什么东西都学。**

韩老师还告诉我，"有瑕疵的光芒，好过刻板的完美与无瑕疵！"她不断叮嘱我创业中要"用人用其长，一个好的团队不在于找到与你完全一样的人，而是找到更多彼此互补的人。"她真是一个不可多得的老师，让我对"比较优势"这样一个经济学上的专业词汇、一个日常生活中容易一瞥而过的词的理解深刻到不能再深刻。她让我明白了既然大家都要发挥自己的比较优势，那就不要试图让自己变成一个完美的人。有血有肉的人通常都有缺点，我做节目的时候不需要像高晓松一样幽默，像罗振宇一样引经据典，我只需要有自己的特点，发挥自己的闪光点就好。在 IP 化时

◆ 厉害是攒出来的

代中，很多人成功不是因为多么完美，而是因为他的某一个特质很吸引人，这个世界上从来不缺乏完美的人，真正缺少的是真诚无畏的善良和同情。

韩老师非常看好内容经济，她认同未来是一个个人IP化的时代，是人为品牌注入灵魂；历史上很多品牌都是个人的名字，而在互联网时代，人会让品牌回归感性，变得更感性。这也是为什么很多的企业家网红频繁出现，当今世界上很多伟大的公司，其创始人都是企业家网红。这是我从一个理性的经济学家身上，捕捉到的一种犀利洞见。许多人说，经济学带有纯粹主义的抽象和脱离了细节与真相的干瘪理性，事实并非如此，正相反，它从来没有脱离真实和感性，它理解人的非理性，基于人的非理性，让我们更全面客观地认知理性与感性的边界与差异。

韩老师认为要做课程就要做爆款，这与我们接下来的目标不谋而合，而她却从经济学的角度告诉我背后的经济学理论支撑，因为它像雪球一样从山顶滚下去之后，这个好的产品的边际成本趋近于零！

我写这篇文章是在2019年1月13日凌晨两点，我收到公司音频制作的小伙伴在微信群中的留言，他说："韩老师还没有休息，

Part 5
可迁移能力，让你轻松应对复杂的问题

今天录制了很多遍！"我和我的小伙伴们亲眼见证了韩老师第一次挑战录制音频节目的过程。为了保证节目的制作进度，她在青海3千米海拔的高山录制过节目，在中国台湾省最南端面对太平洋录制过，在香港灯火通明的维多利亚港录制过，在清晨散发着芬芳的清华园里录制过，她曾为一期音频录制过不下30次，这就是60多岁的韩老师的坚持和努力。

完工后，韩老师与我们小伙伴们聚餐时，她把一句话送给大家："无论怎样的境遇，人生最重要的是享受与体悟当下的快乐，没有必要在当下焦灼于未来，每一个当下的瞬间才是人生。再伟岸的身躯都有需要面对的紧张和挑战，会享受的人也会奋斗，因为奋斗本身也是一种享受。"

Part 6

重新认识人际关系,扩大你的影响力

◆ 厉害是攒出来的

巧用社交红利，为你的人际资源关系加分

如今，社交红利已经成为这个时代最火热的话题，微信、微博、头条、百度、快手、抖音等App均是社交红利的受益者。那么究竟何为社交红利？任何趋势的爆发都会带来大量红利，我们如何在这一过程中抓住自己的社交红利，为自己的人脉网加分呢？

徐志斌曾在其作品《社交红利》一书中，介绍了关于社交红利的一个公式：**社交红利＝信息·关系链·互动**。

由此可见，社交红利的本质，就是让信息在关系链中流动。这听上去比较抽象和枯燥，让人摸不着头脑。那么，我们究竟该如何通俗地理解这一概念呢？

请看这样一个小问题：

一条微博只有140个字，能容纳的信息非常有限，但它为什么仍然能得到广泛的传播？

Part 6
重新认识人际关系,扩大你的影响力

许多人给出的答案或许是碎片化。碎片化时代,利用碎片化的时间,人们愿意传播碎片化的信息。

这种说法没错,但不全面,不全面之处在于,这些信息就字数来说是碎片化的,但就内容来说,它并不像本身看上去那么碎片化。

正像很多业内人士分析的:微博上发布的内容虽然仅限140字,但"发布信息者个人的专业、情感、价值、判断、喜好、历史等关键要素均会依附在这条信息之上,流动在好友(关系链)中。看到信息的人也会将自己对这个人的信任,及专业、情感、价值、判断、喜好、历史等要素做出回应",然后再传递下去。

所有这些关键要素都是附加上去的信息,它们本身不以成文的形式体现在内容里,而是通过接受信息一方本身对于发布者所具有的认知,把这些信息自行补充进去。

单看那些不足140字的微博,它们确实相当短小,但它们所欠缺的部分,会在关系链中被补充完全。

由此可知,在社交时代,关系链本身就是信息的一部分。

倘若你的朋友转发了一篇文章,与你在公众号里自己看到的一篇文章相比,虽然文章相同,你从中获得的信息和它对你的意义都不同。这句话是谁说的与这句话说了什么同等重要,有时候甚至更重要。

大家或许都遇到过这样的时刻,你在微信里第一次看到某篇文章,因不感兴趣,于是没有打开它。但是过了数小时后,你发现这个你原本不感兴趣的文章竟然被刷屏了,于是你又将它打开读了一遍。

此时,你读的就不只是这篇文章本身,而是在了解你的朋友的喜好。这时你的行为不仅是一个阅读行为,更是一种社交行为。

除了文章,像游戏、电影均是同理。

众所周知的游戏"王者荣耀"火了之后,以"你为什么要玩这个游戏"为问题,针对游戏玩家的调查,得票率最高的回答是:"因为我的朋友在玩。"同样,电影《战狼2》票房逼近60亿,成为中国有史以来票房最高的电影,会将那些甚至从来不看动作片的人也吸引进电影院,很大程度上是由于周围的朋友都去看。

这就是社交带来的力量!通过关系链的传播,流量会带来新的流量,引爆会带来更大的引爆。

正如六度人脉理论所说,借助于关系链上的六个人,每个人都可以连接到世界上任何一个人。从社交红利的角度上看,只要

Part 6
重新认识人际关系，扩大你的影响力

你的内容能够引起人们的互动，那么这种互动本身就会增强你的内容的吸引力，带来更大的传播，为你带来更多的社交红利。

那么，如何才能够有效地利用社交红利服务于我们自身呢？

答案是：要**让你的内容自带传播属性**。为此必须做到以下两点：

一是内容要**有价值**，即要有功能性，用户不会转发对他毫无价值的东西；二是内容要**能引起人的情绪**，因为只有引发人们共鸣的东西才能获得广泛的传播。

不过，要想做到这两点，就要抓住人们共通的基本需求点。

比如，应用程序"朋友印象"之所以非常火爆，原因就在于它让人们可以获知好友对自己的印象，因而获得病毒式的传播。

心理学研究表明，"别人是怎么评价我的"几乎是每个人都关心的基本需求点。于是，基于这一心理焦点问题，差不多每隔几个月都会以新的形式火爆一次。仅"朋友印象"这一应用程序，就已经针对这个共通的需求点开发出好几款成功的产品了。

当然，其中与情感的力量密不可分，例如"朋友印象"推出的"你猜他会用哪三个词形容自己"，词语都是给定的，让用户进行选择，而这些词语几乎均为褒义的词语，因而满足了人们的虚荣心，将互动变成对彼此的赞美，从而满足人的情感需求。

"朋友印象"还满足了人们的窥私欲，它设计的许多产品都不是只有一方能看到结果，而是双方输入各自的答案后产生比对，然后通过这种方式探知对方的想法。在此过程中，"朋友印象"本身并没有给出太多的信息，真正有价值的信息都是双方在社交互动的过程中自行补充进去的。

以类似的方式赢得社交红利的还有"你懂我吗"这一应用程序。可以说，近几年来像"你懂我吗"这类应用程序已经无数次被刷屏，但人们依然乐此不疲，这足以说明其中反映的是人们共同的心理需求，它们本身自带价值和情绪。而且这种应用程序的聪明之处在于，它具有极高的变异性，可以在社交过程中通过关系链自行产生新信息的玩法，方法相当巧妙，你甚至可能因此将自己所有朋友的"朋友印象"都打开回答一下。

这体现了社交红利的另一大特点，即与原生的内容相比，在关系链中产生的内容可以提高用户的重复使用率。

除了应用或者小游戏，相当多具备社交属性的东西都具有同样的特点。比如表情包。我曾于几年前看到白茶画的"吾皇"，当时吾皇还籍籍无名，仅仅是一个漫画书里的形象，不曾衍生出如今火遍大江南北的表情包。不过我当时就发现了它的社交属性，认为这个形象一定能火，为此还试图将它的版权签下来。但可惜由于某些原因没能成功。

吾皇的火爆与互联网和社交互动同样密不可分。这一形象如此可爱调皮，天然就像在与你打招呼，套用"二次元"的话讲，它还很"傲娇"。这就让它天生具有互动性。这一特点决定了其价值不会单纯地停留在漫画上。相比朱德庸的漫画，白茶的吾皇不具备太复杂的剧情内容，其成功之处在于可以引起人分享转发的情绪，而它传递的大部分意义实际上都是人们在社交互动当中赋予它的。

在不同的社交互动场景中，尽管相同的表情具有不同的意义，但都可以唤起人的情绪，于是就提高了人们的重复使用次数，促进了传播。从这一角度来说，互联网和社交改变了漫画，使很多漫画的风格转向了能够引起人情绪共鸣的表情。

然而，只是有价值，有情绪，能够产生互动的信息还不够。除此之外，为了获取社交红利，你还必须避免自己陷入一些坑。

同样以"朋友印象"为例。不久前，"朋友印象"推出了一个活动，让用户设置自己喜欢的电影，然后分享给其好友来猜。初看与之前的模式不存在任何不同，但奇怪的是，这一次却没能火起来。原因是什么呢？

问题就出在这次活动的门槛上。很多人看过的电影并不多，对于这部分用户来说，这不是一个选"我喜欢什么电影"的游戏，而变成了选"我看过什么电影"的游戏。

而且，无论我们本身是否认同，我们都会意识到社会文化中对于不同的电影的评价是不一样的，或高或低，并不相同。这里就出现了一个干扰社会互动的因素，我们会意识到自己在选电影的时候是处在与他人的比较之中。不同于选择喜欢猫还是喜欢狗，选择喜欢的电影会让我们产生很多顾虑：我选择这个电影会不会影响我在他人心中的形象？或者，我猜他喜欢《小时代》，他会不会觉得我认为他很low（低级）？这些顾虑就成了分享和互动的阻碍。

有人或许会质疑：2013年的爆款"微信打飞机"，2014年的爆款"围住神经猫"，以及2016年的"反应速度测试"，这些爆款游戏中同样有与他人比较的因素，而且这种与他人比较的排名还是它们成功的关键因素，为什么到了"选电影"这里就不行了呢？

Part 6
重新认识人际关系，扩大你的影响力

这同样要考虑到人的心理需求。的确，人人都喜欢与他人比较，而比较中希望自己赢更是一个很好的需求点。但是人们在需要鼓励优胜者的同时，为失败者匿名。这就是一种"我做得好的时候希望别人知道，做得不好的时候不希望别人知道"的心理。而这就是为什么很多排行榜只排前几名，不排倒数几名的原因。一旦一个游戏无法给失败者提供匿名的空间，那么人们参与进来时就会心存顾虑，"朋友印象"的选电影游戏，因为给使用者造成了巨大的心理压力，所以没能火爆起来。

当然，仅仅给失败者匿名还不够。虽然人们都喜欢与他人比较，但前提是自己有机会胜出。对于那些不能给自己带来荣耀感的游戏，人们是不愿意参与的。

因此在满足用户与朋友比较的社交需求时，一定要注意用户之间的差距不能过大。只有让每个人都有可能赢，游戏才能玩得下去，才能被广泛传播。像打飞机这样的游戏，都会有一个刷新机制，而且成绩在很大程度上依赖于随机的运气，不能让少数用户一直遥遥领先，打击大多数人的积极性。而"朋友印象"的选电影游戏就没有做好这一点，因为一个人的电影积累是不可能迅速提升的，在一款游戏短暂的生命周期里，那些看过很多电影的

◆ 厉害是攒出来的

用户始终遥遥领先于其他用户，看过更多更好的电影，塑造了更好的个人形象，没有任何办法把这些人刷新下去，其他人上不来，怎么办？那他们就不会再陪你玩这个永远也赢不了的游戏了。

实际上，此类错误从爆款社交类游戏诞生的第一天起就发生过了，而且这个错误还导致了两亿美元的损失。

2012年2月，美国诞生了一款叫作Draw Something的社交游戏，在这款游戏里，用户把自己的涂鸦发给好友，让他们来猜测自己画的是什么。实质上就是美国版的《你画我猜》。这款游戏9天内就获得了100万用户，50天内获得了5500万用户，随后被著名游戏公司Zynga以2.1亿美元的价格收购。

当时的媒体报道中，最为人津津乐道的就是每天这款应用分享了多少高质量的画作。最初，这种炫耀行为吸引了很多用户的参与。不过画画毕竟是有门槛的，用户之间的差距很大，而且短时间内无法抹平，许多高质量的画作被分享后，大部分普通用户的参与度反倒降低了。因为"反正我画不了这么好，我干吗还要浪费时间"。

张小龙在微信的内部讲话中也谈到过类似的观点：**降低门槛，降低差距**。他认为微博之所以兴起，是因为相比于博客，它的门

Part 6
重新认识人际关系，扩大你的影响力

槛降低了。然而140字还是太长，因为有些用户还是能把这140字写得非常精彩，这会给其他人带来心理压力。所以微信鼓励用图片分享，因为手机拍照片没有门槛，也很难体现出差距。而随着手机修图软件的增加，微信又开放了小视频重新拉平了用户的差距。当然，让腾讯和张小龙措手不及的是，随着4G网络的成熟，再到5G网络建设的开始，小视频成为风口，抖音和快手分别又在一个新的媒介维度上降低了用户的参与门槛，成就了这两年横扫网络的全民爆款App。这里的逻辑是一贯的：要提高用户的互动，就不能让大部分用户有压力，不能把互动的舞台只留给少部分人。

这背后的社交逻辑是，信息通过分享在关系链中传递，假设大众内容的互动者人数是小众内容的两倍，在十次分享后，用户的数量就会相差一千倍，差距是以指数级增长的，这就是社交红利必须要强调抓住共通的基本需求的原因。

◆ 厉害是攒出来的

用语言演绎说服他人，用身体语言塑造自己

　　产品需求这一话题，是我在工作中经常会和同事谈到的。每当谈起这个话题，我就想起自己做图书编辑的经历。

　　当年我在做图书编辑时，每打算签一本新书，总会有同事对我说："我就是这类图书的典型读者。来，说服我，告诉我为什么要买这本书？"这意思好像就是说：如果你说服我了，我这个群体的人都会买这本书。

　　这是一个极具挑战性的问题，试卷上的题目有标准答案，而它没有。因为无论我如何说，他是否会同意，我都没任何把握。

　　这就如同一个人手里握有一只蚂蚁，问你蚂蚁现在是生是死一样。如果你回答死，对方就将蚂蚁放出来；如果你回答是生，对方就会将蚂蚁掐死然后再摊开给你看。

　　在不存在客观标准的情况下，我们无法指望对方是公正的。

Part 6
重新认识人际关系，扩大你的影响力

怎么办呢？

我们首先要明确，这种设问本身就存在一种不对称性。前提是存在一个答案，对方知道他买这本书的原因，而我却不清楚，所以只能去猜，这件事的概率就跟买彩票的概率差不多。

须知，在汽车没有发明出来之前，人们认为自己需要的是一匹更快的马；在乔布斯做出改变世界的 iPhone 之前，人们以为自己需要是一部诺基亚，原因是它可以待机一个月。于是他们需要一部待机时间更长的手机。不过今天我们手里的，多数是那种仅能待机一两天的手机，很多人出门都带着充电宝。

一个女孩一直想找一个高个子的男朋友，对方身高最好在 180cm 以上。当她的朋友当真给她介绍了一个这样的男孩子时，她却又觉得男孩长得不够吸引自己。她朋友可能以为她要求太高了，男朋友不仅身高要在 180cm 以上，还要长得帅。而且别人越对她说身高不重要的时候，她越会觉得身高很重要。

实际上，她真实想要的，是一个能给她安全感的人。不过没有任何女孩会告诉别人，她要找一个不能只是高富帅而不能给他安全感的人。所以，此时如果要给她介绍一个身高 170cm 的男

◆ 厉害是攒出来的

生,那么就可以对她说:"你其实要的是一个能给你安全感的人,180cm以上的男生只是安全感的一个选项而已。还有很多人可以让你有安全感。"这样一来,这个女孩最后就可能找一个和自己身高差不多的男生。

由此你或许已经明白,我们与人沟通,让对方同意我们,并非要我们去猜中对方内心的答案。问题的关键在于很多时候,人们也不清楚自己内心想要的是什么。

在汽车发明出来之前,你问人们是否需要一辆汽车。他们因为不知道汽车是什么,于是会问你:"我为什么要买一个我没听说过的东西?"此时,你就可以问他:"你需不需要一匹更快的马?而且它不需要吃草,不会死。"

现在的年轻人是阅读玄幻小说长大的,不过相当多的80后则是阅读武侠小说长大的。一开始,我们根本不知道玄幻小说为何物。磨铁图书是国内知名图书公司中首个出版玄幻小说的公司。它在出版时打了一个广告语:后金庸时代的新武侠。

什么是新武侠?这里面的招数比武侠小说里的更厉害。如今我们已经明白武侠小说和玄幻小说的区别,那就是马和汽车的区别。

Part 6
重新认识人际关系，扩大你的影响力

电影《异形》异常火爆。当我发现很多人不知道"异形"是一种什么动物，更不知道我看这个电影的原因时，我就会问对方："你觉得《大白鲨》那么好看，那太空版的大白鲨你愿意不愿意看？"

这样的介绍，要比我去介绍异形是一种什么样的生物要好得多。那是一个他没见过的东西，不管我如何介绍细节，他或许都不会有任何感觉。

接下来，你要去发现现实生活中不能拒绝的语句，并将其运用于劝服对方同意你的观点时。

例如你想加薪升职，你就可以问老板：公平是否是一家公司很重要的原则，而非历数自己在公司每一个加班的细节。

例如在夫妻关系中，妻子想让丈夫洗碗，妻子与其抱怨自己的工作很辛苦，希望丈夫多承担一些家务，不如问丈夫这样一个问题：希不希望自己变成黄脸婆？

一个很有技巧的推销员，在去敲开别人的门时，不会像其他的销售员那样开口就说自己的产品有多好，而是会先对这家的主人说："我是一个推销员，我现在很口渴，你能不能给我一杯水喝？"

◆ 厉害是攒出来的

很多人对上门推销员没任何好感，原因是他们从为你开门的那一刻开始，你就一刻不停地介绍自己的产品。这个推销员的聪明之处就在于，不是先向对方推销产品，而是先向人家讨要一杯水，以此给了对方做一回好人的机会。要知道，没人会轻易拒绝这么一个极其容易做好人的机会。

人们一旦答应给推销员一杯水，这就意味着他们打算做一个好人了，那么接下来听推销员介绍产品，就要接着当一个好人了。于是当推销行为开始的时候，他们心里也就不会那么排斥了。

现实生活中，如何说服他人是我们经常碰到的难题。为此，我们还需要了解身体语言方面的知识。

身体语言是身体在大脑的指挥下不自觉地做出的反应，这是人的第一反应，是人无法控制的。而我们说出来的话，一般都经过了思索、反复推敲和加工修饰。所以，身体语言虽然比较隐蔽细微，但往往比说话更真实，更值得解读。

因此，一旦了解了身体语言，我们就可以提升自信心，有效地提升人际关系，更加懂得如何与人相处，让别人感到更舒服、更受尊重。

Part 6
重新认识人际关系，扩大你的影响力

哈佛商学院副教授艾米·库迪经过研究发现，身体语言影响着他人对我们的看法，但同时它也影响着我们对自己的看法。因此，我们要让身体语言在我们说服对方时发挥积极的作用，还要注意学会正确使用身体语言。

身体语言可以重新塑造一个人的性格。

一些肢体动作可以提高一个人的自信心，而有一些肢体动作却会让一个人逐渐走向自卑。当一个人处于自信状态的时候，其肢体动作是向外扩张的，整个人都有占满外部空间的欲望。抬头，挺胸，张开手臂，这些都是自信的肢体语言。而当一个人整个躯体呈现出收缩的状态，则代表着垂头丧气。

所以，艾米·库迪建议我们在参加面试之前，或者在缺乏自信的时候，不妨花费两分钟的时间，做出一些可以增加内心力量的肢体动作，比如握拳。因为研究表明，强而有力的肢体动作，能够增加面试成功的概率。

在心理学中，有一个喜好原则，意即**人们在潜意识里喜欢和自己相似的人**。这种相似，可以是性格相似，可以是背景相似（校友或者老乡等），也可以是姿态上的相似。身体的模仿，能让气氛更加和谐，迅速拉近距离。所以，在相识之初，用身体的模仿

◆ 厉害是攒出来的

来打开局面,是一种不错的方法。

很多人不知道怎么获得别人的支持,往往就是因为同步做得不好。因为他们喜欢说一些负面和反对的话,比如,"这样不行""这样我不喜欢""我不要"。这样的语言极易在潜意识里唤起他人的敌意。因此,如果我们要想获得他人的好感,就不妨和对方同步,比如,对方点了一个菜,自己也跟着点一个差不多的。对方靠着桌子,自己也不妨靠着桌子。

最后我要说的是,微笑可以消除他人戒心,减少沟通障碍,消除陌生感,还可以大大增强我们掩饰的能力。因此在说服对方时,不妨多些微笑,让对方看到你的笑脸。

Part 6
重新认识人际关系，扩大你的影响力

远离"应该"，赢得他人认同

一次我去坐地铁，恰好在始发站上车，刚好有座位。几站后，一个母亲抱着孩子上了车。我刚想让她坐，旁边一个姑娘先我一步让了座。

就在我尴尬自己反应不够快时，一个老人——孩子的奶奶还是姥姥——背着包站到了我面前，我顺势把座位让给了老人家，自己站在他们祖孙三代前。

很快到了一个换乘站，下车的人很多。我看到老人旁边有两个空位。刚想坐下，结果这位老人家以迅雷不及掩耳之势占了两个座位，一个给了她的孙子，另一个给了她的包。

我先是尴尬地站着，随后选择走到另一个角落。不用说，我心中是有一点点失落的。

我开始理解，虽然尊老爱幼是中华民族最美好的传统，但如果他们把这样的善意看作理所当然的话，还是让人心里有点不舒服。

◆ 厉害是攒出来的

老人迅速占领两个座位,这件事的本质就在于她在合理地利用规则,并不曾考虑任何人情。于她看来,这一切都是别人应该做的。

工作中,我们经常会遇到需要协同或支持时,同事不愿意配合的情况。

我的一个前同事玲玲,最近倍感挫折,她很不理解为什么同事不配合他。玲玲上周主动请命,负责部门的一次网络营销活动,她忙里忙外,整整加了一个星期的班,才把活动设计完成。当她把宣传页面发到群里时,她理所当然地认为每个人都应该转发这个宣传页。不过最终她失望地发现,转发的人没几个。

玲玲很诧异,不由得在群里抱怨:"都怎么了,公司的活动,我们自己人都不支持,外面的人怎么支持?"

结果大家好像没看到她在群里发言一样。无奈之下,她在群里@所有人。终于有一个同事回复了:"我觉得这个宣传活动太low(低级)了,不想转发。"

玲玲当场就炸毛了:"这是公司的活动,每个人都应该配合。"

同事也毫不留情地反击:"你需要说出足够的理由,不能老是

Part 6
重新认识人际关系，扩大你的影响力

拿公司的大帽子压人。"

玲玲找到部门领导，她原以为领导会支持她，臭批那个同事。没想到领导非但没有帮她出头，反而告诉她："你太把别人的配合视为理所当然了，没人有义务一定要配合你。"

在大多数情况下，人们对于那些过度利用规则的人都极易产生反感。

几个月前，一群年轻人在篮球场打篮球。这时一群跳广场舞的大爷大妈走过来，要求打球的孩子马上离开。孩子们就和老人协商，能不能各占半场。大爷大妈们不同意，要求打篮球的孩子必须马上离开。结果双方发生了争执。最后，老人们围殴了那群孩子。

这件事被散播到网络上，众人纷纷谴责这群跳广场舞的老人。

老人认为年轻人就应该让着他们。实际上，当人们说出"应该"这两个字的时候，常常会令对方产生很不舒服的感觉。

人之间相处，没有所谓的理所当然，只有心甘情愿。而"应该"二字反映了一种强权，正是一种毫无人情味道的理所当然。

运用规则、势力引起对方下意识的反感，会使对方从原本愿

意配合转变为不配合。

上述事件中，倘若跳广场舞的大妈们提着一箱汽水过来，对孩子们说："打球累了吧，喝口水，跟你们商量个事呗，以后到了晚上6点，这块场地能不能让给我们？"那么那群年轻人还会那么反感吗？

同样要求发朋友圈，如果领导认为大家"应该"在自己的朋友圈里转发，很多同事基本都会配合。原因就在于领导有一个权力，叫"否则"。

但同事之间，情况就另当别论了。如果玲玲在群里说，每个人都应该转发宣传页面，同事们就会想：我不发你能拿我怎么样呢？除了找领导"告状"，玲玲还真不能拿他们怎么样。

所以，如果你没有"否则"的权力的话，那么还是不要轻易地说"应该"这个词。如果你是领导，就可以说：大家必须转发，否则扣工资。就算你不说出"否则"这两个字，大家都心知肚明。

因此，倘若大家没有隶属关系，"应该"这两个字能不说，还是不要说。

那么，如何才能让大家愉快地配合你呢？

Part 6
重新认识人际关系，扩大你的影响力

首先，我们一定不能对合作的对象说"这是你应该做的"。要知道，没有人有义务一定要配合你。

其次，当你与他人合作的时候，你不能轻易说"相互配合也是大家各取所需"。在合作的过程中，有人经常会说："你看，跟我合作，你也获得了某样好处，所以你得配合我啊。"

结果这样一来，你就把对方逼入一个境地：他是为了获得好处，才配合你的。而人们就算是获得了这种好处，一旦被对方说出来，他也会矢口否认。

实际上，我们在与人合作的时候，不只是为了获得好处，有时候哪怕获得的仅仅是一句"谢谢，辛苦你了"，就足以让人感到温暖和值得。

能够在工作当中赢得他人的配合，本质上是一种领导力，一种看不见的影响力。那么聪明的人是如何做的呢？

罗伯特·西奥迪尼，这位全球知名的影响力研究权威，他将自己对于影响力的研究成果都集中于其作品《影响力》这本书里。我们再一次活学活用一下西奥迪尼的书里与本主题相关的几个方法：

◆ 厉害是攒出来的

第一，互惠原理。

人们要尽量以相同的方式回报他人为我们所付出的一切。

互惠原理首先是基于亏欠感，别人帮助了你，你的内心便会产生亏欠感，会想办法回报对方；其次则是基于社会认同。如果你接受别人的帮助而不付出回报，就会遭到社会的鄙视。

正是这两个原因，让互惠原则成了人际关系的基本法则。

所以，在工作当中，那些善于为他人着想的人，总能够收获好人缘。很多人将这些人称之为"马屁精"，认为他们不务正业。事实上，这样的评价既不客观且太过绝对化。其实，这些人的表现恰恰是高情商的表现。

就连马云都说：创业比的是情商。他本人也要花费大量的时间搞定人际关系。

本质上，工作就是人与人之间的协作，好的职场人际关系，本身就能让很多事情事半功倍。

所以，在工作中有必要多注意观察细节，多关注身边同事的精神与物质需求。

我的一个朋友，她的人缘很好，在我初入职场时，她和我分享过自己的一个故事。有一次，同事看到她的手机链特别喜欢，

Part 6
重新认识人际关系，扩大你的影响力

就问她在哪里买的。她说在家附近的地摊上买的。同事一听离得特别远，而且还是不固定的地摊，也不好意思麻烦她代买，就什么也没说，但表情间颇是失望。朋友敏锐地捕捉到了同事失望的表情，于是上下班路上就特别留意着。几天后，朋友为同事另外买了一条手机链，并送给了她。几块钱的手机链，又是顺路的事，却拉近了朋友和她同事的情感。所以，她的人缘好是有原因的。

其次，投其所好。人都有喜好，如果你能投其所好，对方对你就有了亏欠，日后定当会给你回报。

最后，互惠式让步就是各让一步。很多时候，交易就是这么做成的，不管是在店铺里买一件衣服，还是商务谈判，都是你妥协一下，我让一步，最终令双方都满意。

第二，**承诺一致原理**。

在生活中，人们都有一种习惯，即对于自己曾经肯定过的事情，总是会千方百计去维护，以此证明自己的选择是正确的。同时，这种努力也在潜移默化地说服自己，从而让自己变得完全认同。

心理学家发现，对于实现承诺，需要付出的努力越多，这个承诺就越牢靠。所以，我们不妨在工作当中学会合理地运用承诺

一致性原理，让身边的同事支持自己。

第三，社会认同原则。

人们往往以他人的行为和思想作为判断标准，尤其是在不确定性因素的影响下，比如形势不明朗、拿不准主意的时候，我们往往会接受并参照别人的行为。所以，说得太多不如做出榜样来，获得身边相对认同你的同事的支持。这样一来，你就有可能影响到更多的人。于组织而言，这种正向行为就能形成一个正循环，你赢得的支持也会像滚雪球一样，越滚越大。

第四，喜好原则。

人们愿意答应自己认识和喜欢的人提出的请求。因此，如果你想增强自己的说服力，让人更愿意答应你的要求，就要想办法变成令人喜欢的人。

所谓变成令人喜欢的人，并不是让我们去改变自己取悦他人，恰恰是让自己更大胆地展现自己，赢得他人的认同。任何人之间都有共同之处，聪明的人善于运用彼此之间的共同点，来拉近彼此的距离。

Part 6
重新认识人际关系，扩大你的影响力

科学认识人格化，成就自己的人格魅力

提起乔布斯，恐怕没有人不知道他。

2011年，乔布斯去世，全世界都在哀悼他。

当时我带领团队和李开复先生一起出了一本书，叫《乔布斯传》，书出来之后，正赶上乔布斯逝世。

那时，小米的雷军被称为中国的"雷布斯"，他还用小米的渠道帮我们免费宣传了这本书。

一转眼很多年过去了，在苹果iPhone X刚刚上市的时候，发布会在苹果的地标建筑——乔布斯礼堂举行。在发布会上，人们看到，iPhone X消灭了手机屏幕上残存的最后一个按钮，其开创性仍然继承了当年乔布斯时代的基因。

这真应了那句话："有的人死了，但他仍然活着。"

于是在回首过去数年的变化时，我们虽然惊讶于商业世界的巨变，但更惊讶的是商业的人格化。

◆ 厉害是攒出来的

如何理解人格化？举个简单的例子，乔布斯死了，但他所代表的价值观仍然为很多人所深深认同，于是他的人格和精神永远成为苹果不可替代的宝贵资产。这就是人格化力量的典型体现。

人格化是如此重要，概括起来，它具有以下几个非常重要的特点：

首先，人格化的本质是人性化和情绪共振。

很多人说，今天是一个"人格化"的时代，那么，何为人格化？有人认为，所谓人格化就是指公司推出一个人或拟人的吉祥物，让它代表公司的形象，和用户产生联结。

倘若如此概括，那就是太过狭隘了。事实上，人格化的本质是人性化，通过人性化的方式引发情绪共振，达到品牌传播的效果。

一般来说，创始人作为魅力人格体为公司做品牌营销是人格化的一个类型，通俗地说，就是把创始人的个人品牌和公司品牌绑定在一起。这么做可谓利弊共存。好处是它可以大幅节约营销成本，因为好的公司创始人本身就是一个魅力人格体，自带传播属性。这方面的例子很多，比如雷军与"小米"，你无法想象没有雷军的小米，也无法想象没有小米的雷军。因为每当新手机发

Part 6
重新认识人际关系，扩大你的影响力

布，雷总都会亲自出马。当然了，宣传新手机不一定需要雷军亲自来做，但他亲自来开会效果当然最好。于是因为雷军亲自来开，很多人会在雷军人格魅力的吸引下前来现场，而他们也在后来成为小米的忠实用户。

同样，"阿里巴巴"和马云之间亦如此。在用户的心里，阿里巴巴即马云，马云即阿里巴巴。这是因为，马云的价值观得到了阿里巴巴整个公司的贯彻。

此外还有董明珠和"格力"空调，"罗辑思维"和罗振宇，这些具备魅力人格体的创始人站出来说一句话，就胜过传统公司千万百万的营销。

说到这里，我不得不提一下"锤子"手机。第一款锤子出现的时候，其他手机电池可以用一天，但它的仅能用半天。面对如此巨大的劣势，很多锤友们说："这个问题很好解决啊，要么我买个充电宝，要么我干脆买两款锤子手机不就解决了。"

如此忠诚的锤友并非脑残粉，他们中的大多数人是各行各业的精英。而他们之所以愿意支持锤子，是因为他们愿意支持罗永浩，认同罗永浩背后的那种价值观。

虽然现在锤子已经走向没落，但是当年在粉丝号召力上的成功,印证了罗永浩的人格魅力。

当然了,**人格化的影响同样是双刃剑**。"乐视"和贾跃亭就是一个明显的例子。

乐视创始人贾跃亭在2016年公司年会上借助一首《野子》,总结过去,展望未来,将创业的艰辛与勇气展现出来,打动了无数人,引发了"野子效应"。可以说,这一效应的取得,与贾跃亭的个人魅力以及他的独特经历和人格,在人们心中激起的强烈情绪共振密切相关。因此有人曾开玩笑说:"贾老板是全中国出场费最高的歌星,一首四分钟的单曲创造的价值上亿。"这虽是玩笑,但也反映了人格化力量不容忽视的事实。

但一年多以后,贾跃亭因为野心太大,资金链出现问题,遭遇了信任危机,几乎成为公司的负资产。这时,人们又会拿出当年的《野子》议论。此时把贾跃亭和乐视捧上神坛的人格化就成了致命病毒,严重影响了乐视的形象。

当然,类似的因为人格化导致不良影响的例子还有很多,比如谷歌的联合创始人出轨,造成谷歌当日股价大跌,蒸发的美金数以亿计。微软的鲍尔默当年将个人和公司绑在一起,在他宣布离职的那天,微软股价下跌7%,相当于300亿美元,这说明鲍尔默在公众心目中的形象给公司造成了巨大的负面影响，而仅仅这一影响就足以把他一生创造的价值都抵消。

不过，虽然**人格化存在不利之处，但它在商业世界中的影响力却越来越大**。时代瞬息万变，变化多，变故多，机遇也多。相比杰克·韦尔奇或是斯卡利这类职业经理人式的CEO，如今的公司创始人往往会将个人影响力和公司品牌结合在一起，更多地以生命体的形式来衡量公司的发展。

当然了，人格化不仅体现在上面讲到的活跃形式上，也可以体现为低调的其他方式，这其中就包括**以产品为依托的人格化，以文字为表达方式的人格化，甚至人工智能化的人格化。**

马化腾和张小龙都属于不十分活跃的人。他们就属于低调人格化的代表。在这种人格化的风格影响下，腾讯的很多产品经理认同腾讯的产品设计，不得不说是贯彻了马化腾和张小龙的产品哲学。微信上的爆款文章通常也是人格化的体例，因为它们成功地调动了人们的情绪。人工智能客服小冰、小娜这些名字，以及漫威的美国队长、蜘蛛侠、钢铁侠等虚拟的侠客式人物，都是人格化的体现。这些形象前后反映的是人们对这些形象后面代表的价值观的认同。

同样，知乎、豆瓣也是广义上的人格化，因为它们是人性化的，符合人们的认知。

在《第四消费时代》一书中，我们可以清晰地看到人格化是如何出现的，如何影响着人们的生活。这本书将消费分为四个时代：

第一个时代是终生消费。一个人一辈子可能就消费一两次，盖个房子打个家具，剩下的都自给自足，属于小农经济；

第二个时代是工业化消费，消费是以家庭为单位的，这个时候就出现了迭代，代表性的公司比如海尔、美的；

第三个时代是个人化消费的崛起，人们购买手机、MP3，代表性的公司是诺基亚、索尼；

第四个时代就是我们如今所处于的这个时代，是人格化的时代，消费越来越带有精神属性，成为一种价值观的消费，由我需要所以我购买，变成我认同所以我购买。

这种消费方式的转变，实际上就是认知升级和消费升级的产物，而人格化正是顺应了这个趋势。

那么，人格化是不是就是人们常说的粉丝经济的升级版呢？

实际上，两者大不相同。

Part 6
重新认识人际关系,扩大你的影响力

人格化的背后必定有价值观为支撑,粉丝经济则更多的是靠关系,靠互动。由此造成的结果就是人格化和用户之间是隐形的连接,比如,乔布斯死了,但他的精神永存。

粉丝经济还停留在浅层次的依托人群支持行为进行的商业化开发上,停留于人的层面。人格化则更进一步,超越了人本身,是对其背后所代表的价值观的认同。所以它的力量更强,影响更大。

真正的聪明人,都在日积月累中塑造着自己的人格魅力。

Part 7
你无需证明自己,只需要持续精进地努力

◆ 厉害是攒出来的

能力的精进和内心的自信,让你从容又淡定

丽丽心情不太好。因为刚刚和另一个同事讨论的时候,发生了点口角。

丽丽是一个做事非常认真的女孩,而恰恰是这种认真负责的态度,让她成为公司的业务能手,其业绩已经连续多年在公司排第一。

然而,也正是因为工作认真,让她在看到自己辛辛苦苦做出来的文档被同事粗心对待时,产生了不满的情绪。于是就和同事发生了口角。

看到这一切的老板,走过来对丽丽说:"到我办公室来,咱们聊一下。"

来到老板的办公室,丽丽感觉有点异样,领导好像有话要说,却不好开口的样子。于是她主动问老板有什么事。

老板说:"你刚才和某某发生了点矛盾,对吗?"

Part 7
你无需证明自己，只需要持续精进地努力

老板一问，丽丽原本压下去的情绪又有点上来，于是生气地说："他这个人做事太马虎了，这种态度真让人生气。"

老板突然清了清嗓子说："有件事，我本来早就想跟你聊聊啦。你到公司也这么多年了，今天咱们之间抛开上下级关系，权当是朋友，我想给你一点个人建议。

你在公司这么多年，业务那么好，本来早该提拔了，却迟迟没下文，有些小委屈。不过我想告诉你，你之所以迟迟未被提拔的原因不在业务上，而在情绪上。你需要管理好你的情绪。

简单地说吧，现在情绪已经成为你发展的瓶颈啦。"

丽丽原来心情就不太好，再加上多年来一直有的小委屈，老板这么一说，她顿时没忍住，哭了出来。

老板突然正色道："刚刚谈的就是你的情绪问题，你怎么还哭上了。"

丽丽收住眼泪说："我也知道这一点，但不知道为什么，有时候就是忍不住。"

老板说："一个人太情绪化，就会影响职业生涯。你是公司的老人啦，接下来我们一起努力，试着克服情绪问题吧。"

随后发生的事就有点魔幻了。

◆ 厉害是攒出来的

丽丽非常想要克服情绪化这个毛病，老板也不时提醒她。

然而突然有一天，也是在和同事的讨论中，丽丽突然情绪大爆发，失控了。这件事之后，整个公司的人都认为丽丽有情绪问题了。而丽丽后来也的确抑郁了，气自己怎么老是过不了情绪那一关。

最后老板说："你该去看心理医生啊！"

听了上面的故事，相信很多朋友在忍不住想大骂这个老板的同时，内心也会隐隐有一种触动，似乎自己也曾遇到过类似的吹毛求疵的老板。

在这里，我还是想冒着被吐口水的风险说一句，丽丽那个看上去吹毛求疵的老板，其实出发点是希望她更好。毕竟哪有做老板的会不想把人用到位，让自己公司更好地赚大钱呢？当然，这位老板的表达方式的确存在不妥之处，但是丽丽本人问题却更多一些。

试想，如果丽丽在得到老板的提示之后，能把自己的聚焦点更多地放到硬币的正面，认识到自己当下的境地并非完全是问题和瓶颈，更多的是机会，认识到学会调节自己的情绪可以让自己获得拥有领导力的技能包，进而获得提升的机会。

Part 7
你无需证明自己，只需要持续精进地努力

情绪这个东西，你压抑得越久，爆发得就越厉害。所以，千万不要轻易给自己过度贴情绪问题的标签。不妨多给自己一些积极的暗示，用每一次小的进步来鼓励自己。

当然，每个人都会有心情不好的时候，如果真的因为情绪影响到工作了，又该如何处理呢？

我在此给出一个小建议：

在你心情不好的时候，想象自己的内心像一杯浑浊的水，你能用什么办法把这杯水变透明呢？

不管你是去摇晃这杯水，还是试图去把浑浊物捞干净，都会让这水越来越浑浊。最好的办法就是不去管它。过段时间，它自然就会变透明了。

情绪也是这样，过一段时间就会变好。

回到故事的开头，领导认为丽丽有情绪问题，丽丽该怎么回答呢？

如果我是丽丽，我会这样说：

"刚才我和某某就是点小摩擦，等下我自己会处理的，没事的。至于我的升职问题，我的业绩这些年来一直都是公司第一，我相

信公司会从公平的角度来处理的！"

听我分析完丽丽的故事，很多朋友可能还是不清楚如何才能优雅地去应对自己的老板的要求与期待，下面我就以减肥为例，深入地聊一聊这个问题。

想必有减肥经历的朋友都知道，减肥过程中会经历一个平台期。在这一阶段，减肥的效果会停滞一段时间，体重很难继续下降。于是，相当多的人认为减肥无效，进而绝望，放弃。事实上，这是因为你的身体与体重的下降没有同步。如同电脑系统一样，在减肥过程中，随着体重的变化，人体这一系统也需要用一定的时间对体重和体型进行匹配。这一过程就如同我们打开电脑时，要给电脑几秒钟时间用以加载程序一样。只要你能够挺过这段时间，度过平台期，你的体重就会快速下降。

无论你是否意识到，和减肥一样，个人能力的增长过程也存在一个平台期，这就是我们所说的瓶颈期。原因是随着工作内容的变化，我们原有的知识体系和技能可能无法应对瞬息万变的现实，知识与能力之间不匹配。

如何解决这些问题呢？美国学习专家、企业家布里塞尼奥用其TED演讲启发了众多人。布里塞尼奥发现，那些大神之所以厉

Part 7
你无需证明自己，只需要持续精进地努力

害，是因为他们能够在生活和工作中让自己刻意地在两个区域中切换，一个是学习区，一个是执行区。

学习区是用来学习的。在这一区域中，我们要做的是学习、尝试、更新、反馈、总结、反思，从而不断提高自己的能力。由于此区域是为我们改进、提升自我服务的，涉及的都是我们不曾掌握的东西，所以在这一区域，我们会经常犯错。

执行区是用来处理日常工作的。比如医生看病，老师教书，司机开车，程序员写代码。当我们处于执行区时，我们总是以完成任务为目的，涉及的都是已经掌握的东西，所以要尽量减少失误。

由此可见，倘若我们的职场地位到一定阶段始终没有提升，那就是由于我们**害怕或者潜意识里拒绝接受失败和风险**，从而让我们一直处在执行区，结果渐渐地，我们就将生活变成了执行区，只顾得上应付日常工作，忽略了学习区的反思、反馈、提高和进步。

要避免这一切的发生，就需要我们学会改变：

1. 改变立场。

我们要学着像老板一样思考，把公司的目标当成自己的目标，而不是让自己总是处于角色的局限中。当我们给自己构建了一个

更系统、更高的思维框架的时候,我们在面对很多事情时,眼界就会更加开阔。

2. 重视沟通。

重视沟通,意即我们要横向沟通与纵向沟通并重。依赖绝对权力带来绝对权威的时代已经渐行渐远,现在的领导力来源于你做了什么,而非你是什么。因此,当互联网让我们一步一步迈向越来越扁平化的时代时,沟通也变得越来越重要。为了推动事情的解决,随着跨部门、跨组织的链接与横向协作渐渐增多,我们越来越需要重视共识,尤其是在关键点上达成共识。

3. 把执行力的提升放在首位。

执行,还是执行,要将执行放在第一位。我们要有一种领导要求100分,而把事情做到120分的劲头,这也叫作超预期。一个人只有愿意通过努力达成超出预期的结果,完成超出预期的目标,才有可能获得更多崭露头角的机会。因此,人在职场,要多想、多做。要让自己:内心温柔,决策果敢,执行"凶狠"。

4. 明确坚守,克服道德包袱。

克服道德包袱,就要求我们不依赖于别人对自己的评价与看法来做人、做事,而是依据自己内心的坚守,并将其作为自己践

Part 7
你无需证明自己,只需要持续精进地努力

行的原则。

实际上,对于每一个人来说,个人的成长都是最重要的。我们的成长要与我们为公司,乃至社会可能创造的价值相匹配。很多时候,在面对一些事情时,一些人会觉得自己被情感绑架,难以坚持自我,对此,我给出的建议是:"从更远的维度更高的角度做对的事,然后把事情做对!"

优雅来源于我们能力的精进和内心的自信,我们的地位与存在感来源于我们敢于向前一步,敢于挑战,敢于担当!对于一个组织来说,没有什么是绝对不可替代的。现代化组织,第一步要清除的就是职位权威上的不可替代。

我们不应该为了自己的不可替代性,在公司当中过度绝对化自己的权威,过度在乎自己的位置,过分注重老板一时的评价。我们的不可替代,应该是我们能力的不可替代,我们向前一步的精神的不可替代。

如此一来,我们自然可以从容地应对老板的"吹毛求疵"。

◆ 厉害是攒出来的

人生从来靠自己成全

　　小安是某市人民广播电台的一名主持人，从中国传媒大学毕业后，他凭借自己的努力进入现在的单位，工作一直顺风顺水。不过最近，他过得很不顺心。

　　事情的导火索是半个月前的一个报告。

　　由于小安相当珍惜当前的工作机会，因此，他自工作以来尽职尽责。每次节目正式开播前，他都要在私底下练习好几次，以求做到最好。

　　可是单位的老编辑们，仗着自己在单位工作了十几年，架子端得很高，做事相当懒，每次都要拖到开播前几分钟才把稿子交给小安。小安根本没时间熟悉稿子，因此严重影响了节目播出的效果。

　　这天，趁着午休的时间，小安来到编辑们所在的办公室，用商量的语气对他们说："各位前辈，在节目正式开播前，我需要提前熟悉一下稿子，能麻烦大家提前几个小时把稿子给我吗？"

Part 7
你无需证明自己，只需要持续精进地努力

让小安惊讶的是，他们直接一口回绝了，还相当不客气地说："小子，你才来台里几天啊，现在就来指挥我们做事了，你以为你是台长啊！"

小安吃了个瘪，忍下来。没办法，一个新人怎么可能和这些"老油条"斗啊？

可没想到的是，此后这些老油条们似乎盯上小安了，交给他的稿子，用词非常生僻，内容晦涩难懂。于是，小安在播节目时总读得磕磕巴巴，招致听众的责难，评价他不负责任，水平不够高。

小安真是哑巴吃黄连，有苦说不出。无奈，他只好自己在开播前的最后几分钟把那些生僻的词改掉。结果可想而知，编辑部的老油条们一哄而上，对小安大加责难："谁让你改稿子的，是你写稿还是我们写稿啊？给你稿子，你照着读就行了，现在的年轻人真是不知天高地厚。"

而对编辑们的刁难，小安一气之下给台长写了一份报告，列举了工作中遇到的问题。

台长看到这份报告后，对老编辑们非常生气，在开会时当众读了这份报告，严厉批评了那些编辑，还顺便表扬了小安。

◆ 厉害是攒出来的

小安的故事告诉我们，人在职场，要学会的第一个原则是：**该求助的时候要果断去求助。**

在我们还是学生的时候，那些"爱到老师面前打小报告的好学生"就特别不受欢迎，他们被看作告密者。打小报告的同学经常被孤立，经常被别人冷嘲热讽："有本事你告诉老师去啊。"这就让很多人形成了一种思维惯性：有事最好私下解决，千万不能当告密者。

不过，职场不是学校，倘若你到了职场还不改变这种思维，有问题不愿意求助，还把领导当班主任，久而久之，不但工作会受到影响，公司也会对你形成不好的看法。

人在职场上首先要学会遇到解决不了的困难，向自己的领导和同事求助。

职场新人必须认识到，同事关系并不像同学关系。职场中每个不同职位的人之间协作，本来就是为了把事情做好。当你遇到自己不能解决的问题时，你必须第一时间向能解决问题的人求助，如此才能最终解决问题。

小安的故事告诉我们，人在职场，要坚持的第二个原则是：

Part 7
你无需证明自己，只需要持续精进地努力

没事别惹事，有事别怕事。

相当多的年轻人初入职场，害怕被排挤，就改变自己，用妥协的方式来换得同事的接纳，从而融入他们的圈子。

尤其在僵化的企业，人员流动性很小，很多同事要在这里工作一辈子，大家低头不见抬头见，一旦得罪一个人就得罪了这个人一辈子。为此，很多人不得不选择隐忍，打落牙齿和血吞。结果很多人变成了"忍者神龟"，遇事忍让成了他们的人生哲学。

然而，一味忍让并不能换来别人的理解，有时候还会让对方变本加厉。

每个有进取心的公司，都会鼓励年轻人去拼，去闯。新人不必害怕冲突，反而是公司害怕员工没有进取心，选择安逸，不敢和人发生冲突。

在职场上，一些老油条常常利用自己的职业地位和权威欺负职场新人，对他们提出一些过分的要求。比如安排新员工去打扫卫生，甚至要求新人给他们端茶送水。公司分发福利，他们会想办法故意不分给新员工。节假日他们会成帮结伙出去玩，让新员工在办公室里值班。更过分的是，他们还会把本来属于自己要完成的工作，安排新人去做。

◆ 厉害是攒出来的

面对这些老油条,你千万不要存着什么以和为贵,与人为善,甚至讨好之心,要知道那些在你刚入职时就存心欺负你的人,以后也不会帮到你。

一位在这种企业工作的成功人士曾说:

"那些一开始就和我客客气气,坚决不要我端茶送水的前辈,后来都成了我的好朋友,一路上都肯无私地教我带我,提醒我小心各种坑。他们一开始怎么对待我,后来也是怎么对待我;而那些施施然领受了我的各项服务的人,对我的态度随着我个人境遇的高低起伏而千变万化。"

所以,那些存心欺负你、告诉你"当初我们也是这么过来"的人,并不能帮到你什么。他们不过是一些欺善怕恶的人,你越软弱,他越欺负你。你做好了,他们就会讨好你。

前面故事中的小安,凭着善于学习,凭着敢于应对问题的自信从容,赢得了台里领导的信任。最终,他成为台里升职最快的年轻员工,担任了新栏目的负责人。而一年后,他负责的这个栏目成了老部门的同事竞相取经的地方。

人与人之间可以通过"链接"实现自我提升,求助是一种能力,我们要突破自己的局限,敢于、愿意向人求助。但人生也总会有

Part 7
你无需证明自己，只需要持续精进地努力

些事情需要你勇敢面对——工作中的挑战，生活中的挫折，还有不轨的恶意。**人生从来靠自己成全，我们必须该求助的时候求助，该面对时不逃避。**

◆ 厉害是攒出来的

形势变动的时候，更要坚持不断地提升自己

这段时间，朋友圈中盛传"经济寒冬""裁员大潮"这种主题的文章，有人说，2019年经济寒冬才真正开始，失业大潮也不可避免。面对这样的现实环境，很多人都会感到恐惧，有粉丝向我们的职业辅导师提问：现在公司发展不景气，很多老员工都离职跳槽去了别的公司，身处这样的环境，他很忐忑，不知道是应该原地不动还是去找下家，想让我帮他分析一下。

相信不少人也有同样的疑问。首先，我认为大家要正确识别自己公司的处境，不要一棒子打死。有的公司裁员，可能是在优化公司的效能，为了在市场中获得更多竞争机会，有的公司裁员可能是真的效益不佳，需要缩减成本。大家要具体问题具体分析。

众所周知，中美贸易摩擦不断，宏观经济确实不景气。很多互联网公司都在裁员。很多公司都处在风口浪尖上，就连苹果公司的市值也曾一夜之间蒸发了许多。不仅是美国互联网公司，很

Part 7
你无需证明自己，只需要持续精进地努力

多中国互联网公司的市值也大跌。裁员大潮下，很多人考虑寻找新的工作机会，想要证明是不是有更多公司愿意要自己，所以心浮气躁。

实际的情况是，当裁员大潮来临时，**心越定的人，反而越有机会，越是实在人越不吃亏**。因为这个时候，所有公司都会理性看待自己的人力架构，看看自己公司里，谁是真正干活的人，谁是不干活的，谁是能产生效益的，谁是不能够产生效益的。这种情况下，老实人反而更珍贵。公司发展过快时，一心扩张向前冲，难免多了滥竽充数、效能不高的人。一旦裁员大潮来临，干实事创造价值的人，不仅不会被裁掉，反而有更多升职的机会，只要把握好心态就不会有问题。我们要明白一点，正常的公司优化效能，就是四个字"减员增效"，这就意味着，留下来的人需要创造更多的价值，也意味着更多可能的激励。

我的一个朋友在一家互联网公司工作，平台较大，待遇也还不错，有一天他找我抱怨：他的领导不给力，不干实事，还问我要不要换工作。我说："你别急，先等一等，你只要把自己该做的事情做好，跟他保持适当的距离，正常工作正常汇报，像这样不作为的领导，公司早晚会请他离开的。"果然不到三个月，他的领

导就被辞退了。现在,这位朋友在那家公司发展得越来越好。实际上,他当时所在的五六人团队中,有三四个人相继离职,但是他因为听了我的话,一直留在原地认真做事,抓住了一次发展的机会。

我们一定要记住,这个世界上有些事情是不确定的,有些是确定的,我们要学会在不确定性中寻找确定。而永远不变的是时刻提升自己的能力和专业技能,让自己变得更值钱。如果你认识到能力提升是最重要的,不断提升个人能力,就等于让自己持续增值。"罗胖"在跨年演讲时提到一个公式:一个人的成就等于核心算法乘以大量重复动作。听起来有点玄乎,实际上讲的是一个简单的常识,翻译过来就是你要找到自己的核心优势,然后一直做,坚持做下去你就会成功。

你只要一直在努力,裁员大潮来不来并不重要。我们千万不要惯性地用外在因素变化干扰自己内心的秩序,导致自己心浮气躁,不能够专注在提升自己的能力上。

马云说过一句话:宏观经济虽然不景气,但是中国90%的公司死掉,跟宏观经济一毛钱关系都没有,只有10%的公司跟宏观经济的状态不景气有关系,90%死掉的也是本来就该死掉的公司,

Part 7
你无需证明自己，只需要持续精进地努力

只是因为宏观经济不景气，加快了这些公司的衰亡。越是变动的时候，越是要坚持不断地提升自己的能力。

工作其实就是龟兔赛跑，兔子这里蹦一下，那里跳一下，跳来跳去什么也没得到。而乌龟呢，一直朝着一个方向坚定地爬，它才走得更远。我以前策划出版过一本书——《伟大是熬出来的》。人生本身就是煎熬，我们要在煎熬中找到它的乐趣，不断为自己增添热情。职场当中，真正打败我们的往往是自己。

◆ 厉害是攒出来的

时间会帮你筛选身边的人,真正的老实人不会太吃亏

我有个朋友在一个三线小城市做了四年会计,最初遇到的领导比较自私,同事也都不能交心。虽然他踏实肯干,但是在领导的施压和同事的算计之下,工作进展一直不顺利;他的能力也不算很强,总会被一些比较有心机的同事牵着鼻子走。同事们说话圆滑,会讨领导欢心还能争取自己的利益,而他却非常老实,辛苦工作还经常被人利用。对此,他很苦恼,纠结自己究竟是不是选错了工作。他千百次想辞职,但又害怕到新的环境中遇到同样的领导和同事,于是,他便让我帮他分析分析,看看怎么解决这个问题。

实际上,我有这样一个观点:真正的老实人在职场上不会吃太大的亏。这位来提问的朋友呢,可能不是我们提到的真正意义上的老实人,因为他不甘心做一个老实人。什么才是真正的老实人呢?我之前讲过郭靖的故事,像郭靖这样的老实人从来没说过

Part 7
你无需证明自己，只需要持续精进地努力

自己吃亏。真正的老实人并不会认为自己在职场当中总是吃亏，他们甚至会认为吃亏是福。他们永远相信一个观点：没有人会持续刁难一个对自己没有恶意的人。

"向善"是我们个人发展学会的价值观，当你总在担心别人害你的时候，其实你想得更多的是那些被放大了的恶意。任何事物都有正反两面，我更主张做一个真正的老实人，去发现别人好的一面。当然，这需要一定的修为，在人生长河之中，需要我们不断以此警醒自己。

心中无敌，则天下无敌，因为仁者无敌。也就是说，你心中没有敌人，你就不会觉得别人是来害你的，也就不会有敌人存在了。这样的老实人是很可贵的。

在工作中，换位思考一下，我们看到这样的老实人是不忍心去伤害他的，愿意对他好，而不会持续去刁难他。所以大部分的情况下，很多人痛苦和纠结，不是因为他是一个老实人，而是他不甘心做一个老实人，这才会让他痛苦。要知道，能被别人"利用"是一件好事，说明你有价值。最怕的是一个人连被"利用"的价值都没有。某种程度上来讲，你之所以不甘心，是因为你觉得自己的能力不止于此，你可能过分高估了自己的能力。

多年以前，我听过"力帆"集团的董事长伊明善的一句话，他说："过去那个时代叫受得苦中苦，方为人上人，现在这个时代应该叫受得屈中屈，方为人上人。"我们很多人其实都受不了委屈，害怕吃亏。而我用自己的实际行动证明过，我吃过很多亏，吃亏的过程也很痛苦，但是失之东隅、收之桑榆。整体上来说，我得到的更多，只是得到的不一定是从让我失去的那个人身上得到。

我虽然也被黑过，但是我得到了更多的善和爱，这让我更愿意看到世间简单的美好，因为黑我的人早晚会走出我的生命。

有句老话说得好：物以类聚，人以群分，时间是一把筛子，筛来筛去，剩下的还留在你身边的，都是对你好的人。岁月会让我们变得更加从容，它会帮我们筛掉恶意，让我们看清生活的本质。罗曼·罗兰说过：真正的英雄主义就是看清生活的本质之后，依然能够热爱生活。这真是一种很高的人生境界。

十年以前，我通过朋友认识一位老前辈，她是一家全球顶级私人银行的行长，她对我说："杰辉啊，你很聪明，但是你一定要记住，要让自己的路越走越宽，不要让自己的路越走越窄，不要被眼前那些爱刁难你的人耽误自己，不要总想着抱怨。"

Part 7
你无需证明自己，只需要持续精进地努力

我刚进磨铁工作的时候，处事还比较稚嫩，在工作上遇到了一些小麻烦，导致一位同事在一件非常敏感的事情上误解我、中伤我，给我带来过很大的痛苦。老板沈浩波后来对我说了一句话，让我记忆犹新：学会不解释。有些东西不要总是想去解释，也不用去解释，这样能让自己内心更开阔。

一路走来，因为我心存善念，总会有人提醒我，要有更大的眼界和格局。

我在磨铁工作的第一年，就已经是公司四大中心的总经理之一。但作为中心总经理，我的薪酬却只有其他中心总经理的1/2，甚至1/3。第二年，我的业绩就追平了其他几位中心总经理的业绩，但是我的薪酬还是比他们低。很多同事都替我不值。但是到了第三年，老板给全公司发了一封邮件用褒扬之辞肯定我，我的薪酬也不再比其他的中心总经理低了。这一切，让我觉得很值得。

后来我离开了磨铁，老板几次邀请我重回磨铁。我开始创业时，在上海开了一家公司，他给我投了500万元，但我却被其他人坑了。后来我又回北京开公司，老板说杰辉这个人靠谱，就又给我追加了几百万元投资。公司运营后，他从来没过问过我公司的经营状况，哪怕这个过程中，我公司的合伙人因为各种原因换了好几拨。

◆ 厉害是攒出来的

在我最艰难的时候,他从来都是一如既往地支持我。

对我的老板,不同的人有不同的评价,但在我眼里,他是一个有大智慧大格局的人。很多时候,我们自己看上去吃了很多亏,但在这个过程中,别人会给你更多的回报。一路走来,我真的发现,时间会帮你筛选身边的人。如今不管我遇到怎样的挫折,内心都会有一种向上的动力。我在创立个人发展学会的过程中,也遭遇过太多质疑,大家认为我们做这件事不挣钱,投资人也认为市场容量没有那么大。但是每次我看到学员们因为在个人发展学会学习后获得成长,真诚地对我们表示感谢,都让我内心充满了动力。

一位在美国硅谷工作的工程师学员曾主动对我们说:"希望你们也能帮助和影响我的妹妹。"她的妹妹在北京读大学,马上要毕业了,很迷茫,不知道该怎么选择发展方向,于是便通过她姐姐找到我们。这位硅谷的学员对我们的坚定信任,让我感动不已。

无论别人怎么说,我都认为自己在做有价值的事,我们也始终期待美好的事物即将发生。不够了解我的人会认为我傻,所以总是吃亏,身边真正的好朋友却会提醒我:"你应该这样继续下去,因为你身上最宝贵的东西就是这份纯粹和天真。"

Part 7
你无需证明自己，只需要持续精进地努力

人生本是过程，这一路你走得是否开心快乐，取决于你的心态。

前几天我在抖音看到这样一句话：幸福的人生，不是人生本就幸福，而是因为你看到了幸福的人生。

Part 8

世上所有的开挂,都是厚积薄发

◆ 厉害是攒出来的

多学知识，不如多学点智慧

大学时候我曾经参加过一次讲座，讲座老师的一句话让我至今记忆犹新："聪明的人不是知识渊博的人，而是能用快捷有效的方法去找到答案的人。"

在这个信息大爆炸的时代，很多人不缺知识，但缺乏智慧。

工作当中，领导为下属安排工作，有时候下属们不懂也不问，待在那里憋半天，乱忙活白煎熬。不止在工作中，我们身边有很多朋友，遇到事情即便无奈又无助，也不懂得去求助，不懂去找方法。但其实，有两种应对问题的方法：一种是自助自查法，借助互联网工具，用百度搜索等方式找答案、翻阅相关资料，还可以报一个网络课程，或者到知乎、在行、分答上找专家提问。这是最简单直接的快捷求助方式。另一种方法是求助于身边的人，充分发掘身边相匹配的人脉资源，帮自己找到答案。

我过去卖过保险，深刻感受到销售工作的经历对一个人长期

Part 8
世上所有的开挂，都是厚积薄发

发展的意义。我有一个老下属叫小张，过去做了很多年的销售，业绩非常不错。像小张这样做过销售且业绩不错的人，面对问题时，会有很强的主观能动性，懂得求助，更敢于求助。聪明的人往往能找到专家为自己提供精确且专业的建议，他们不只会闭门造车做填空题，更会懂得把人和网络当作搜索引擎，在获得的答案中做选择题。

小刘过去在一家内容公司做渠道BD，离开之后，自己一个人干，想多挣点钱。小张联系了几个重点渠道，期待与它们展开合作。他知道渠道要找什么样的名人大咖、做什么样的课程，可是他无法联系到大咖名人，这就成了小刘的短板。

后来，小刘通过身边善于和名人大咖打交道的朋友去联系他们。他还找到了我们公司，说服我认识到合作对公司的意义，动用我公司专业的内容策划人、产品经理、制作人帮助老师打磨课程，甚至有的项目他还说服我出马进行关键谈判。这样，一个多方共赢的长期合作得以达成。

小刘一个人就是一支部队，他一个人摸清了渠道的需求，搞定了关键谈判的核心人物，还撬动了一批人为自己干活。在这件事情中所有相关的人都获得了利益，渠道多了一批选题，我多了

◆ 厉害是攒出来的

一系列可以挣钱并为公司带来品牌影响力的项目，我手下的产品经理多了一份提成，而他自己只是做了整个项目的联络人，从中也获得了不菲的利润。

这个故事听起来好像是一个掮客的故事，其实一个好的项目经理、产品经理、制作人、导演等，何尝不需要这样的能力呢？我们要学会扩大自己的圈子，串联别人与自己协作，共同完成一个大目标，而不是把自己变得万能。

你需要多学点智慧，凡事不需要你都懂，但你要知道谁会懂。尽信书不如无书，有时候就是这个道理，能够把知识用起来，把身边的资源串起来，本身就是一门重要的学问。

在互联网时代，我们要连接的人和资源越来越多。一个人要和不同的人协作，同部门协作，跨部门协作，还需要跨组织跨公司合作和协同，所以学会联机进化，与其闷头让自己成为一个无所不能的人，还不如让自己成为一个能够用好各方面、各领域能人的人。只知道闷头做事，低头走路，不懂抬头看天，其实并不适合这个时代的发展。

Part 8
世上所有的开挂，都是厚积薄发

正确选择知识付费，让聪明的大脑为你所用

这几年的知识付费热，想必大家或多或少都已接触并参与其中。就每个人而言，面对不断涌现的知识付费内容，如何选择，才能让我们找到真正有利于个人提升的内容，发展自己呢？这就要求我们要了解知识付费，才能学会正确选择。

第一，**知识付费是个伪命题**。

知识付费，顾名思义，就是将我不知道的事通过付费学习变成我知道的事。这听上去是个新概念，但我认为这是个伪命题。

实际上，我们始终在为知识付费，比如我们出版团队出版了一本书——《好关系是麻烦出来的》，如果你想了解这本书的内容，当你将这本书买回去阅读，你就为知识付费了。

表面上看，你好像买了一沓装订成册的纸，实质上你花钱购买的是内容，是知识。

◆ 厉害是攒出来的

所以，互联网时代的知识付费相比传统图书版，并非一件新事情，二者之间唯一的区别就是载体不同，知识付费里你获得的物质载体不是一沓纸，而是一段节目视听或阅读一篇文章的权限。事实上，这和你是否拥有一沓纸，没有本质的区别，因为你购买的是知识，是内容，是一种启发与收获感。

换言之，判断一个知识是否值得付费，根本标准在于它能否让你获悉自己原本不知道的事，进而获得知识、智慧、技能，为你带来有意义的启发。

第二，大家之所以把知识付费当作一种新鲜事物，是因为我们刚开始适应知识产品的新形态。

既然知识付费早已有之，为什么今天我们中的很多人还是将其当作一个新鲜事物对待呢？

原因就在于我们刚开始适应产品的这种新载体。新鲜的并非知识付费本身，而是付费的形式。

我们习惯于花钱购买物品，所以我们会对花钱购买权限感到新鲜。但由于中国的互联网发展经历了免费产品的大战，所以导致我们中的很多人直到如今还不习惯于为一个"摸不着的东西"

Part 8
世上所有的开挂，都是厚积薄发

付费。

十几年前，我刚投身于出版业的时候，消费者内容价值观念淡薄，缺少内容的筛选能力。人们认为花钱买家具很正常，但花钱买一沓纸太虚、不实在，不划算。

市面上盗版书横行，这和今天知识付费面临的现状如出一辙。

市场上除了盗版书，还有很多伪书——一些出版商为了牟取暴利，找一些没有专业编辑和写作经验的人，借助于从网络上搜索资料，东拼西凑而成的书。这些书借用一个不存在的外国人的名字出版，披上了一层神秘的光环。比如《没有任何借口》《执行力》。这些伪书相当受欢迎，畅销上百万册，成为当时很多企业家的"圣经"。

更有不少地方卖书不是论本，而是论斤。人们认为其购买的是纸，而非内容。

随着消费者生活条件的改善和知识水平的提高，人们渐渐接受了花钱买书的行为，于是盗版书的市场缩小了，伪书也卖不出去了，内容价值和版权的概念得以建立起来，书籍内容的质量有了较大的提升。

从行业内部人士看来，这是一种认知升级带来的消费升级。

◆ 厉害是攒出来的

十年前，很多人正是看到了这股潮流，涌入出版行业。几乎是一夜之间，全国各地出现了大大小小的众多出版工作室，那个时代，手里拿着20万元就可以"做书"，但大多数都是进来玩票的，干上一两笔买卖就急流勇退了。

而最终留下来的，多数都是对出版持虔敬之心、可持续生产的专业化团队。像"磨铁"的创始人、我的前老板沈浩波，2007年初创磨铁的时候，不像当时众多文化人一样，做了一两笔就走，而是沉下心来，做专业化的、优质的内容。如今磨铁每年出版几百种图书，以书籍为基础，进入了网络文学、影视领域，估值达10亿美金。

同样在今天，许多知识人又进入了知识付费领域，不过其中百分之九十九都持有玩票的心理。而这种心态是做不久的，最终剩下来的还会是拥有可持续生产内容的专业化团队。

历史总是惊人的相似，就连趋势本身都是相似的。在新一轮认知升级和消费升级中，版权意识、生活水平和教育水平都上升到了一个新的阶段。据果壳网发布的《2016年知识青年报告》显示，70%的学习者在2016年为在线学习付过费，这一数字在2015年仅为26%。这一巨大的认知升级为知识付费带来了巨大

Part 8
世上所有的开挂，都是厚积薄发

的发展空间。

这不由得令我想到马克·吐温的那句话："历史并不重复它自己，但它押韵。"

面对着如此巨大的发展空间，个体要在时代的趋势中赢得先机，享受红利，首先就要学会判断一个知识付费产品是否值得付费。

每一个行业在野蛮生长时期，难免会出现良莠不齐的现象，知识付费也不例外。这就需要我们进行筛选。

诚如前文所说，根本的标准是你能否通过它获知你本不知道的事，能否给你带来有意义的启发。为了方便大家理解，下面我和大家分享一下筛选对自己有用的内容有关的四个实用小技巧：

第一，**有用分为有用之用和无用之用，不只是功能性才构成付费。**

从类型的角度来说，满足你应对社会竞争需要的技能提升型内容，满足你对品质生活需要的美食、旅游、健康类内容，满足你对世界好奇的视野新知，满足你心智成长的文学艺术等都构成付费。

所以，不应该把自己的格局限制得太小，要对非功能性的内容抱有尊重和开放的心态。

第二，**不要只在乎IP影响力，而要在乎IP的专业性**。

影响力是可以迅速经营的，但积累则不行，它必须是日复一日的专注和深耕，真正的价值从不是一蹴而就的。头部大咖固然有价值，但我们在选择一个知识付费产品时，核心的判别标准应当是专家的专业性与对内容生产的敬畏心。

第三，**好的研究者不等于好的传播者**。

除了IP的专业性之外，另一个重要属性是知识内容的传播属性，也就是天然的可学习、易学习性。借用传统出版的观点，就是通俗化程度。这一点相当重要，因为吸收效率高的知识对大众传播的价值和意义也更大。

而一个专业度很高的人，未必能做出为大众喜欢的知识付费产品。

信息爆炸时代，我们缺的不是知识，而是获取知识的效率。

第四，**IP大量的时间投入**。

我们必须认识到，时间投入是内容的保障，也是诚意的证明。

Part 8
世上所有的开挂，都是厚积薄发

再好的专家，也需要为其知识付费产品投入时间，细细打磨内容。罗永浩和papi酱退出知识付费领域，就是时间投入的重要性的证明。毋庸置疑，他们都是头部大咖，但他们无法为此投入充足的时间，只得选择离场。当然，他们仍旧相当出色，至少在坚持不下去的时候选择退出、退费，而不是用粗制滥造的内容糊弄学习者。

但我们不得不说，他们退出和退费，于个人而言，是理智之举，是爱惜羽毛的举动，但于学习者而言，其时间成本已经产生了，而时间是最大的成本。而在这一领域还有太多不爱惜羽毛的玩票者，在坚持不下去的同时不敢承认这一点。

所以，在选择知识付费产品时，也要考虑到专业化生产团队与玩票者之间的不同。未来的市场只会越来越专业，内容只会越来越精致，因为只有越来越多好的内容，才值得为之付费，才可持续。

最后要提醒大家的是，在筛选付费内容时要避免走入口碑误区。口碑很重要，但一定不要盲目跟随口碑。你要根据自己的需要选择与你的层次、需求相同的人的口碑判断，这样的口碑才对你有意义。

◆ 厉害是攒出来的

正确选择知识付费,让聪明的大脑为你的成长和竞争力提升赋能,而这也正是我们个人发展学会的使命:"成就有影响力的人,让迷茫的人不迷茫,让优秀的人更优秀。"

Part 8
世上所有的开挂，都是厚积薄发

深度学习，提升自己的核心竞争力

马云说，30年后大多数工作都将被替代，而如何使自己的未来变得不可替代，是我们每一个人都要认真思考的问题。而深度学习，可以引导我们学会全面思考，提升自己的核心竞争力。

何为深度学习？深度学习是当前人工智能领域机器学习最热门的方法，最近几年的发展更可谓日新月异，以至于你还没从上一次科技突破中缓过神来的时候，新的突破就又一次发生了。

提起"阿尔法狗"3:0完胜人类围棋冠军柯洁，似乎已经是旧事，如今人们谈论得更多的是"阿尔法元"。这个曾经打遍天下无敌手的阿尔法狗的弟弟，以100:0的成绩，完胜人类。这一消息再度让人们感叹于深度学习技术对于人类最后的智力高地的挑战。

我曾看过网上流传过的一个段子：两个小孩都是天才。哥哥用三个月的时间读遍天下三千多万册秘籍，又用了几个月的时间修炼，从此打遍天下无敌手。弟弟则白手起家，没看过一招一式，

◆ 厉害是攒出来的

也没有得到一个人的指点，完全从零开始，竟然全凭自己参悟仅用三天的时间将哥哥打败。

这个故事让人想到了《天龙八部》里半路出家的虚竹将学尽天下武学的慕容复打败。之后，虚竹念了一句偈语："菩提本无树，明镜亦非台，本来无一物，何处惹尘埃。"——这才是真正的智能。

这个段子令人开心一笑的同时，道出了深度学习领域的新的突破。

阿尔法狗亦如此，仅需经过三千多万局人类的历史棋局的训练后，就可以最终将人类围棋世界冠军战胜。有人说阿尔法狗再牛，不是还需要人来教它吗？确实，没有人类的经验，它压根就学不会下棋。

然而仅仅一年后，科技的发展就超乎了所有人的意料。阿尔法元的出现，不仅证明了"人类不教我也能学会"，还证明了"没有人类经验的误导，我能学得更好"。

就像上述偈语所说："本来无一物，何处惹尘埃。"阿尔法元不需要任何人类的旧有经验，一盘棋谱也不看，只需给定围棋的规则，全靠自己左右互搏，结果在三天里搞定一切。这可比阿尔法狗厉害多了，因为它不再被人类认知所局限，而能够发现新知识，发展新策略。

比较阿尔法元和人类的下棋方法，我们发现两者的开局和收官差不多，但是中盘差异非常大。主要的差异在于，人类的下棋方式往往都是追求局部最优，换句话说，人类更计较一时得失，而阿尔法元的下法则更系统，更有全局观。对于阿尔法元来说，一时一地的损失不是最重要的，最重要的是从总体上规划出一个最优的策略。

实际上，阿尔法狗与阿尔法元竞争的背后，是大数据与算法的PK。阿尔法元之所以能做到从全局入手去思考，是因为它不受心态干扰，也不受思维定势的干扰。就像《倚天屠龙记》里的张三丰问张无忌："都忘了吗？"张无忌说："忘了。"张三丰说："忘得好。"

深度学习是通过模仿人类的思维方式发展起来的，但是现在它又能反过来给人类思维以启发，就像电影《银翼杀手2049》里说的："比人类更人性"。

虽然人类不是机器，做不到完全不受心态和思维定势干扰。但深度学习理论提醒我们，人类即使不能如同机器一样做到极致，

◆ 厉害是攒出来的

但我们却可以让自己的判断更理智、更全面。

我一个朋友在一家证券公司做操盘手。公司经常要对他们进行一项训练，在一个模拟的系统里，给操盘手一百万美金，要求在一个星期内把它输光，如果全输光了，操盘手就赢了；如果没输光或者赚了，操盘手就输了。

此举看上去似乎很荒唐，但其背后的深意却发人深省。实际上，这种训练的目的就是为了锻炼人的心态，让人不过多受情绪干扰，并且可以时不时地用另外一种角度看待自己的判断和行为。

凡事要学会全面思考，不要过度计较一时得失。而要做到这一点，做判断时就要尽量排除心态和思维定势的干扰，对心态和思维加以训练。

研究表明，深度学习的效率远远高于传统的机械学习。原因就在于机械学习在很大程度上构成人的每一个组件，即神经元，各自为政，各自学习。而深度学习是将从数据中学到的经验进行共享，进而提高了学习效率。

我们的生活也是如此，一个人只要把经验和理解互相分享，而不是各自孤军奋战，那么就会极大地提高思考和学习的效率。

由此可知，于人类而言，学会分享的同时，学会反思，是学

Part 8
世上所有的开挂，都是厚积薄发

习的关键。

深度学习一词虽然是2006年才被提出来的，但实际上，早在上个世纪七八十年代，与之相类似的原理——神经网络就兴起了。

神经网络一词刚兴起的时候，人们觉得这一技术极有发展前途，不过很快，人们发现它存在一个严重的缺陷，那就是它自己无法直接进行学习和优化，所有内容都需要人做大量的加工之后再教给它，它才能理解。可以说，这一技术渐渐无人问津，很大的原因就在此。

后来人们发现，用之前的方式不能好好学习的原因在于，输出的结果不能得到及时反馈，进而无法通过这些反馈更好地修正自己。这就造成了它必须不断地由人来灌输。当这一问题得到解决，相当多的问题也就迎刃而解。于是如今，伴随着上面的问题的解决，深度学习再度兴起。

深度学习理论的发展过程告诉我们，人类的学习要实现化知识为能力，实现知识的迁移，就一定要经过四个阶段：

第一个阶段是**获取信息和死记硬背的能力**，这就如同计算机收集数据和储存数据的能力。

第二个阶段是**消化和理解**,这就是知其然还要知其所以然的过程,就如同计算机处理数据,给出结果。

第三个阶段是**反思和总结**。魏征曾说:"以人为镜,可以明得失,以史为镜,可以知兴替。"学习对过去的结果进行反思,从而学习进步是极其重要的一环。只有做到这一点,我们才能不断主动进步。于计算机而言,这是深度学习技术的新突破,可以从自己产生的结果中学习,并不断进步。

第四个阶段是**逻辑推演**。这是掌握更抽象的底层规律的方法,更是知识得以很好的迁移的过程。当然了,如何把学过的东西"迁移"到其他问题上去,也是深度学习中最热门的话题之一。

承上所言,传统死记硬背式的学习,往往仅停留在获取信息的阶段。当然,我并非说死记硬背无意义,只是死记硬背不能消化,就无法获得任何技能。何况在此层面上,相比于计算机,人是毫无优势的。倘若一个人的学习仅停留在获取信息的层面上,那么就如同老式的计算机一样,每一点"进步"均需要借助外界的力量帮助灌输,结果就是缺乏理解,没有反思,更谈不上迁移。如此一来,学习就失去了意义。

对比以上第二至第四个阶段,我们可以发现,第二个阶段的消化理解可以让我们获得一个运用场景下的技能，第三个阶段的反思和总结可以让我们拥有运用于十个场景的技能包。如此一来，经过融会贯通，我们就可以理解规律的底层，进而获得成百上千个技能包。

在这个意义上来讲，慢即是快，因此，深读一本书可以抵得上走马观花地读十本书。

学习时，一定要从结果中学习，不断反思，并把知识从旧问题迁移到新问题上去，如此才能不断优化自己的思维，在学习中实现真正的进步！

须知，**只有自己思考出来的知识，才是最有价值的知识。**

前段时间，BBC基于剑桥大学的研究发布了一部纪录片，预测了各种职业在未来被替代掉的可能性。根据该研究的观点，像电话接线员、销售员、客服这类职业被代替的可能性高达90%以上，有些甚至高达99%。就连摄影师这类职业都有50%的可能性被代替掉。

而金融这类传统意义上的金领职业，在未来是最容易被替代掉的职业之一。借助于人工智能技术，如今金融交易的速度已经进展到毫秒级。使用卫星时,交易指令要发到卫星再发回地球,传播距离太长,影响了交易速度,纽交所甚至特意修建了跨太平洋的光缆。

可以说,在这样高速的时代,人类与人工智能系统相比,实在缺乏竞争力。

于是很多人或许会好奇地问:什么类型的工作是最难被替代的呢?答案或许会让大家惊讶。根据研究,BBC预测公关是最难以被替代的职业。因为这是一个需要高度社交能力和情感互动能力的职业。其他排在前几名的不容易被替代的职业包括法官、律师、心理医生、保姆以及记者等。

表面上看来,这些职业之间似乎不存在任何关系,不过倘若你仔细思考一下就会发现,它们都强调人的情感能力,从情感理解到情感互动,再到情与法之间的权衡。而这些能力是最难被深度学习所替代掉的。

为此,BBC预言道,从某种意义上来说,这种情感能力将成为未来人类在工作中的核心竞争力。

除了情感能力,人类的优势还在于发现错误的能力。研究表明,在未来,作者被人工智能代替掉的概率要比编辑高20%。这

Part 8
世上所有的开挂，都是厚积薄发

是因为随着人工智能和深度学习的发展，写出好文章将不再是一件难事，但是确定哪些表达不得体的能力于机器而言，则要困难得多。深度学习可以学会什么是该说的，但很难学会什么是不该说的。与之相比，人类则更擅长发现错误，因此，一些容易造成重大社会影响的职业很可能还是会需要人类来做最后的把关。

因此，**情感能力和避免犯错误的能力是我们应当着重发展的能力，因为它们在未来将会变得越来越不可替代。**

◆ 厉害是攒出来的

求人不如求己,用优质内容成就自我价值

现如今,内容经济的发展趋势可谓越来越好。像软文、付费VIP、线上教育课程这些东西都出现了很长时间,它们也都属于内容经济的组成部分。不过令人奇怪的是,为什么人们以前不提,现在却要格外强调"内容经济"这个概念呢?

内容经济的很多成分都不是新东西,这个概念却能在一夜之间获得很多人的关注,在我看来,这是互联网基础设施和内容之间的错位终于得到人们重视的结果。

过去,相比内容,人们更注重基础设施的建设,如今基础设施建设已经基本完成,优质内容的价值就显现出来了。人们重新注重内容,开始思考内容的价值与特点以及内容对于商业的意义,这就是内容经济被强调的原因。

在内容经济越来越受到重视的当下,作为一个内容行业十几

年的从业者，我在此结合自己的亲身经历，与大家分享内容经济的四个主要特点。

第一点：**基础设施是骨架，内容是血液**。

互联网上半场是基础设施的战争，十年以前，大多数人才刚刚接触网络，基础设施不完备，这就带来了三个影响：

一是互联网本身就提供了新鲜感，那时的用户尚未像今天一样见多识广，容易厌倦；二是互联网骤然带来了大量的信息，用户还没有学会甄别和筛选；三是很多商业经济的效率不高，比起精耕内容，提供基础设施和平台更能击中用户的痛点。

前两点给了低质量内容生存的空间，第三点将资本与人才吸引到建设基础设施与平台上。于是在过去的数年中，我们看到大量做基础设施和平台的公司大获成功。

基础设施是加速器，服务于商业与经济，大大提高了商业经济活动的运行效率，然而内容是基础设施与商业活动的连接器，在效率提升上来之后，人们才发现内容已经被忽略得太久了。

如今，更多的人经过了数年的洗练，品位越来越高，不再满足于低质量的内容，这种认知的升级带来了消费的升级，品质和独特性取代了价格，成为更多人消费时最看重的因素。

基础设施就如同骨骼，内容则如同血液。如今人们强调内容经济，其实是长期忽视内容的价值后，对互联网经济的一次补血。

第二点：**先是更多，随后是更优质。**

我们曾提到，用户因认知升级而提高了对内容的筛选能力，人们先是想看到更多，继而随着见识的拓宽，越来越无法忍受低质量的内容，这就对内容生产提出了如下要求：首先是要求更多，随后是要求更优质。

"龙的天空"是中国最早的网络文学网站，它曾盛极一时。这一网站提供一个平台，允许用户在上面写自己想写的东西，发表出来与大家分享。但整个过程中，创作者是没有收益的。也就是我们今天说的UGC，用户生产内容。

这样做的结果就是比起读者想看什么，创作者更关注的是自己想写什么，而且是想写的时候写，不想写的时候就不写了。结果就出现了大量断更的小说。

最初，读者是可以容忍的，因为没有其他的竞争者，所以读者追求的是有得看就好。但随之而来的"幻剑书盟"和"起点中文网"创造的VIP机制，要求读者每看一千字，付出两分钱到三

Part 8
世上所有的开挂，都是厚积薄发

分钱，得到的收入由网站和作者分成。

这就保证了作者更加关注读者的感受，而且有了激励和责任，也不会随随便便就断更，这是对读者之前投入的时间的一个保障。这就是我们今天说的PGC，专业生产内容。

龙的天空，包括一些论坛比如"天涯""猫扑"，靠着大量的用户生产的免费内容，实现了内容更多这一目标，同样实现了对《故事会》《小说月刊》等传统杂志的革命。随后，幻剑和起点则借助于专业生产内容，实现了内容更优质的目标，又实现了对龙的天空的革命。

与此同时，包括唐家三少、天蚕土豆、我吃西红柿在内的一批网络写手成长起来，并为自己迅速积累了大量稳定的粉丝群体，形成了一个正向的循环。这期间还兴起了《与空姐同居的日子》《诛仙》等一些爆款作品。

其中《诛仙》能在那个年代达到价值十亿美金的级别，堪称划时代的奇迹。正是依靠着这本书的IP，幻剑书盟在电子阅读领域取得了突出的成就，磨铁因其纸质书版权获得了很大的收益而名声在外，完美世界因其游戏版权而焕发生机，并在美国纳斯达克上市。作为一个上市公司，仅《诛仙》一款游戏的收入就曾占到了完美世界年度总收入的90%。

当时的中国首富陈天桥极富眼光,出手收购了"起点",组建了盛大文学。后来,起点又转到了腾讯旗下,成了现在上市的阅文集团。如今,网络文学已经成为最富有的人的必争之地,成为无硝烟的战场。

网络文学的商业价值无比巨大,像唐家三少这样最当红的网络作家,一部还没完稿的作品就可以卖到两个亿,甚至还能够向海外输出内容。一部受欢迎的作品中文版刚问世,当天译好的英文版就会在英美流传,就像日本动漫那样。这表明中国的网络文学已经走向世界。

不仅文字领域,视频领域也显现出相同的规律。

"优酷"和"土豆"刚合并的时候,其份额占到了视频网站市场的70%。当时的网络视频主要是靠用户凭兴趣上传,质量可谓良莠不齐。不过优酷土豆的老板古永锵却觉得,视频领域的竞争已经结束了。

倘若仅从UGC(用户生产内容)的角度而言,确实如此。不过他忽视了PGC(专业生产内容)的力量,专业生产内容质量更有保证,产量也会更稳定。

Part 8
世上所有的开挂，都是厚积薄发

很快，爱奇艺在百度的支持下，借助庞大资金投入迅速崛起，通过自制内容获得了大量的资金投入。一个标志性事件就是优酷手中的《晓松奇谈》这档节目曾被爱奇艺夺走。原来生产一部网剧仅需投入二十万资金，如今已经增长到几百万。试看今天的视频版图，优酷土豆已经并非用户独一无二的首选。

这类例子还有很多，比如前两年兴起的直播和当前热火朝天的知识付费。它们均体现了"先是要求更多，随后要求更优质"的现象。

通往未来，时间是最重要的战场。由于用户的信息筛选成本越来越大，在最初的新鲜感过后，人们开始注重质量，不愿意将大量的精力浪费在一堆良莠不齐而且很可能有头无尾的内容体验中。于是，专业化内容生产兴起，这个过程中伴随着IP的品牌力、社群的互动性、参与感和自建设等等相关的探索。

历史总是惊人的相似，倘若违背人们的认知规律和需求去做产品，必将遭到失败的迎头痛击。

第三点：内容就是漏斗，能筛选用户，筛选意味着更精准。

在内容经济的大潮里，不仅是内容生产者与平台借着风口获益，传统企业也同样得以分享巨大的红利。

2017年，互联网广告的总收入已经超过了电视台广告。各互联网平台在过去的若干年里，以指数级的速度增长，由于会员收益以及各种灵活多样的变现形式，使得它的定价可以远低于电视台。互联网已然成为广告的主战场。与此同时，互联网广告内容也越来越向新的、多样化的专业化生产的内容中渗透。

广告的目的是为了流量，不过其本质却是为了实现营销与最终变现。就转化率来衡量，如今单纯去比较流量的大小已经越来越不具备实际意义。须知，单纯的流量是"冷流"，是无温度的。因为流量没有经过对口的筛选，转化率必然相当低。不过优质的内容却可以带来较高的转化率，因为好的内容是有温度的，所谓"我认同，所以我消费"，认同一个产品的意义比单纯知道一个产品要重要得多。

比如"一条"作为一个有着两千万粉丝的内容公众号，当其开始向电商转型的时候，首月销量就实现了700多万，此后销售数据也始终抢眼。"一条"的成功，很大程度上是源于消费者对其提供的内容的认同，如今它已经成了一家有一定规模的内容电商平台。

优质内容本身就等于流量，被优质内容带来的用户，也是经过筛选的更精准的用户。从流量的有效性的角度来衡量，没有筛选过的流量就无法称之为流量。

从前人们仅追求更快、更便宜，如今的人们追求优质，追求认同感。于本质而言，这是一种由认知升级带来的消费升级。

第四点：**内容打破旧限制，提供新机会，让世界更公平。**

2016年，我去乌镇的时候，在网上搜索到了一家口碑很好的店铺。它就是借助输出内容把自己打造成了一个明星。我左转右拐，费尽周折才在一个荒无人烟的地方找到它，那里灯火通明。

过去人们开店，首先要考虑的就是地段，如今借助在互联网上输出内容，打造认同感和品牌文化，店铺开始摆脱地段束缚。纵然是身在偏僻之地，照样可以为人熟知。比如"桃花眷村"，这家主打台湾小吃的餐饮连锁店，不但拥有自己的公众号、自己生产内容，维持着自己的粉丝社群的互动，而且以内容带动流量，打破地段限制，以更低的成本实现了成功。

同样，内容经济也提供了很多新的工作岗位和就业机会，比如全媒体内容策划人、新媒体运营、自由撰稿人、在线职业辅导师、在线婚姻咨询师。这些新职业给了年轻人更多的展现自身价值的机会。李开复老师整理了未来的人工智能时代，AI最难取代的十类工作，其中四类工作，包括心理医生、职业治疗师、作家、老师，都与内容经济有关。

内容经济打破了旧的限制，提供了新的机会，从而让我们的世界更公平。

那么，面对内容经济时代的到来，我们该如何做，才能**用优质内容成就自我价值呢**？

第一步：借助爆品打开市场。

这里的爆品可以是爆款的文章、视频、音频、课程或者图书等等一切以内容为核心的产品形态。要注意，爆品的意义绝不仅仅是爆品本身带来多少直接收益，更重要的是它可以让你与尽可能多的人建立更长远的口碑链接。比起雪中送炭，人们更爱锦上添花。所以，一定要重视爆品。

第二步：利用爆品扩展资源。

有了成功的爆品，再去进一步地完善品类就容易得多。这可以节约你大量的时间成本，把时间花在内容上，而不是一开始就花在谈判上。

第三步：利用资源优势建立垂直领域的品牌壁垒。

因为有了爆品，又利用爆品扩展了大量资源，这时你就占据了优势地位。要想把这个优势变成势能持续下去，你就必须聚焦。因为开始时微弱的优势如果摊薄在各个领域，就会变得没有优势。最好的方法是借着由爆品积累起来的优势资源，把一个领域打穿打透。聚焦优势，建立品牌壁垒，才能让优势可持续。

总之，未来将是内容经济的黄金十年，赛道已现，能否把握机遇，在于我们是否能把握自己。

求人不如求己，不妨不断提升自己的能力、有意识地积累自己对内容的全方位理解。如此一来，你就会借助优质内容成就自我价值，成为风口浪尖的弄潮儿。

◆ 厉害是攒出来的

努力奋斗，活成自己想要的样子

人在职场，我们不可避免会遇到一些恶意的人或事，一旦被同事攻击了，应该回击吗？应该，但要注意，如果你回击一定是出于把事情做得更好的目的，而非其他。

我的一位好兄弟，在老家开了一所针对孩子的线下特长培训学校。为了提升自己的管理能力，他专门在北京报了一个校长班，前期交了10万元的学费。前阵子，他又来北京学习。

那天，他原本约好晚上和我一起吃饭，结果他中午突然发短信给我："兄弟，我把合同发给你看一下，我马上要交剩下的20万元学费。"凭借自己审阅过上千份合同的经验，我打开合同一看，瞬间明白哥们被坑了。我一面立刻发信息告诉他"千万别签合同，绝不要交钱，等我晚点来找你"，一面马上驱车赶往位于北京六环外的那所所谓的培训学校。

见面后，朋友依然告诉我自己很想交这钱，因为他的学校已

Part 8
世上所有的开挂，都是厚积薄发

经是当地最大的特长学校，年招生在三四百人，但培训学校的业务员口头承诺，说培训完能帮他一年招到2000多人。当时我相当震惊，知道哥们是被对方高超的心理诱导术俘虏了。于是我不得不将事情分析给他听。

"第一，合同里并没有承诺会帮你招到2000人，更没有说没招到2000人会怎么样。第二，你的学校已经是当地最大了，一年也就300人到400人，你真相信你们那里的市场有2000人那么大吗？第三，即便招到这么多人，你现有的教师储备和场地能支撑那么多的学生学习体验吗？很多事情，不能光听别人说，自己不能偷懒，要理性分析的。"

听完我的一番话，兄弟顿时清醒了很多。我接着问："你已经交了10万元，学了一段时间了，你现在学校的业绩有提升吗？"他停顿了一下说："倒是没有什么明显变化，但我感觉自己的状态好了很多。对了，你看，这是他们给我们学校送的两块匾。"

此刻，我确实一边替兄弟冒汗，一边生这个所谓的校长培训学校的气。我指着他手头那两块学校发的匾，说："兄弟，我在北京待了十多年了，你这两块匾花了10万元。你给我1万元，2000元我找人给你做两块更好的，另外8000元我请你吃饭。你

◆ 厉害是攒出来的

学校有什么管理或运营方面的问题我帮你参考，效果一定更好。你理解吗？"

他终于听懂了我的话，被我拉出了学校。回来的路上，他的心情并没有我想象的那样糟糕，甚至因为兄弟相见特别快乐。我却有些自责，因为之前太忙，在他说要来北京学习时，也没多问，如果能提前帮他参谋一下，他也不至于浪费十万块钱。

就在我不断自责时，坐在一边的他突然冒出了一句话："其实，在上这个培训班之前，我患有重度抑郁症，状态相当不好。但自从报了这个班，我自己的状态好了很多。或许我没学到什么实际的东西，但我整个人却变得积极了很多。现在你把我捞出来了，我觉得挺好。没事啦，从治好我抑郁症的角度来说，还是挺划算的。"

我被兄弟的这番话震住了。抛开花了冤枉钱这事本身，他比我想象中看得透，看得清，看得开。尽管我也常在公司强调"向善、看到硬币的正面！"但相比他，我觉得自己做得差远了。

在生活中，我们时常说，用最大的善意揣测人和事，就会拥有这个世界上尽可能多的善。我们也反复强调看得开的人，大多运气都不会太差。我这兄弟就是这样的典型。或许很多人对他受

Part 8
世上所有的开挂，都是厚积薄发

骗的事和我有着相同的想法，认为他傻，只会吃亏。但是，他一直都是那样乐观积极，遇到过不少类似的事，却始终没被击垮，反而过得越来越好。

所以，无论我们经历过什么，或者正在遇到什么，我们都应该对这个世界永远抱有最大的善意。当我们用最大的善意看待一切事物的时候，我们就能拥有尽可能多的善；当我们用最大的恶意去揣测一切的时候，我们就会错过这个世界上最大的善。

那么，面对职场恶意的攻击和不断的是非，我们又该如何面对呢？

对现实社会中的毒瘤现象，我个人极其反感：那些最初受婆婆折磨的媳妇，最后都变成了折磨媳妇的婆婆；那些被父母干涉恋爱婚姻的恋人，最后变成了干涉子女婚姻的父母；那些一开始被重男轻女思想歧视的女孩，最后拼死也要生一个男孩。

鉴于此，我常常提醒自己：不要因为曾经被恶意地对待而用相同的方法对待其他人。不要做被狼欺负后，看到所有小动物都想上去踢一脚的东郭先生，不要成为那种被恶人欺负之后，自己也变成了欺负人的恶人。

同样，面对职场的恶意攻击和是非，我们有必要形成自己正

◆ 厉害是攒出来的

确的是非观,找到应对职场恶意行为的正确方式,即不断提升自己,而非以暴制暴,以恶制恶,即便遭遇恶意攻击,也要在保持自己的善良的同时,适时展现你的锋芒。

俗话说:"人往高处走,水往低处流。"当一个人比别人弱很多时,如果别人瞧不起你,此时,你要做的是瞧得起自己,并能够正确地努力。

当你和别人差不多的时候,你要做的是聚焦在自己的成长上。倘若你陷入人与人的较劲之中,那只会消耗你的时间,磨损你的心智。

切记,当有一天将那些你认为的"小人"远远地抛在身后时,他们或许就会仰视你,尊重你,认可你。而这时再反观对方,你也许就会改变自己的认知,重新看待那个所谓的"小人"了。

我想起金庸大师笔下的郭靖,他看上去似乎笨,但却傻人有傻福。因为他总是着眼于自我完善,最终成为江湖领袖,一代大侠。而他成功的原因就在于大智若愚、大巧若拙。

最后送给大家一句话:将军赶路,不追小兔。**真正聪明的人总是能保有简单、向善的心态,持续努力和精进,这是聪明人的"笨"功夫!**